Mohammad Nyme Uddin
V. Saraswathy
P. Elumalai

Argamassa de geopolímero: Um material de construção ecológico e amigo do ambiente

Mohammad Nyme Uddin
V. Saraswathy
P. Elumalai

Argamassa de geopolímero: Um material de construção ecológico e amigo do ambiente

ScienciaScripts

Imprint

Cover image: www.ingimage.com

This book is a translation from the original published under ISBN 978-620-2-07060-7.

Publisher:
Sciencia Scripts
is a trademark of
Dodo Books Indian Ocean Ltd. and OmniScriptum S.R.L publishing group

120 High Road, East Finchley, London, N2 9ED, United Kingdom
Str. Armeneasca 28/1, office 1, Chisinau MD-2012, Republic of Moldova, Europe
Printed at: see last page
ISBN: 978-620-8-25106-2

RECONHECIMENTO

Aproveito esta oportunidade para expressar a minha gratidão e agradecimento ao meu orientador interno, **Dr. P. Elumalai,** Professor Associado, pelas suas valiosas ideias, pensamentos, sugestões e encorajamento constante, que me fizeram trabalhar.

Gostaria de expressar os meus sinceros agradecimentos à minha orientadora externa, **a Dra. V. Saraswathy**, cientista principal, Divisão de Proteção contra a Corrosão e Materiais, CSIR-Central Electrochemical Research Institute, Karaikudi, pelo seu apoio contínuo para a realização deste projeto.

Agradeço ao meu diretor de centro, **Dr. P. Thilakan**, Professor Associado, pelo seu valioso apoio.

Estou muito grato ao ilustre diretor **Dr. Vijayamohanan K. Pillai**, do CSIR-Central Electrochemical Research Institute, Karaikudi, por ter concedido a autorização para realizar o trabalho do projeto no CSIR-CECRI.

Os meus sinceros agradecimentos aos **Técnicos do** CIF do CSIR-CECRI que muito me ajudaram na caraterização.

Os meus agradecimentos especiais ao **Sr. S.P. Karthik**, Assistente de Projeto, Divisão CMP, CSIR-CECRI, pela sua orientação e apoio contínuo para realizar o projeto com êxito

Gostaria de agradecer a **G. Mangaiyarkarasi**, Assistente de Projeto, Divisão CMP, CSIR-CECRI, que me ajudou muito em todos os aspectos.

Finalmente, aos meus queridos **pais e** aos **meus amigos** que me apoiaram firmemente durante o meu trabalho de projeto.

Acima de tudo, agradeço a **Deus** o facto de me ter dado força suficiente, boa saúde e conhecimentos para completar a tarefa com a máxima satisfação.

RESUMO

A argamassa de geopolímero é uma argamassa sem cimento que está a ganhar popularidade a nível mundial, tendo em vista o desenvolvimento sustentável. Pode ser produzida a partir de aditivos minerais, tais como cinzas volantes, argila, solo vermelho com reagentes alcalinos de fácil utilização. A produção de cimento Portland normal (OPC) requer uma grande quantidade de energia, bem como a pegada de carbono. Está demonstrado que o OPC emite anualmente cerca de 5% das emissões globais de CO_2, o que equivale a quase mais de ^ tonelada de emissões de CO_2 por cada tonelada de produção de OPC. Por isso, é extremamente necessário reduzir as emissões globais de CO_2, o que incentivou os investigadores a procurar materiais de construção sustentáveis alternativos disponíveis na localidade com menos energia incorporada e emissões de dióxido de carbono. A argila e o solo vermelho são a melhor seleção para esse efeito e ambos podem ser utilizados como materiais de construção ecológicos e também estão disponíveis na localidade. Assim, foi feita uma tentativa para explorar a possibilidade de utilizar argamassa à base de argila e terra vermelha na indústria da construção. A composição e a microestrutura foram caracterizadas por fluorescência de raios X (XRF), microscopia eletrónica de varrimento (SEM) e analisador de tamanho de partículas. Foram realizados estudos para ambos os materiais no que diz respeito à resistência à compressão, à velocidade de pulso ultrassónico, à porosidade efectiva e ao coeficiente de absorção. Os resultados indicaram que a argamassa de geopolímero com argila e terra vermelha pode ser utilizada como material de construção alternativo na indústria da construção.

CONTEÚDO

CAPÍTULO 1

INTRODUÇÃO

1.1 Geral

A construção ecológica é a prática de criar estruturas e utilizar processos que sejam ambientalmente responsáveis e eficientes em termos de recursos ao longo do ciclo de vida de um edifício, desde a fase de implantação até à conceção, construção, funcionamento, manutenção, renovação e desconstrução. Esta prática alarga e complementa as preocupações clássicas de conceção de edifícios em termos de energia incorporada, emissões de carbono, economia, utilidade, durabilidade e conforto. A argamassa de cimento é uma das partes integrantes de um edifício. O cimento Portland comum (OPC) é utilizado como ligante primário para produzir a argamassa e o betão. A procura de OPC está a aumentar de dia para dia devido à necessidade de desenvolvimento de infra-estruturas. No entanto, é sabido que a produção de OPC não só consome uma quantidade significativa de recursos naturais e energia, como também liberta uma quantidade substancial de dióxido de carbono para a atmosfera. A produção de uma tonelada de cimento Portland liberta cerca de uma tonelada de dióxido de carbono para a atmosfera [1]. Além disso, as estatísticas mostram que a indústria global do cimento contribui anualmente com cerca de 2,8 mil milhões de toneladas de emissões de gases com efeito de estufa, ou seja, cerca de 7% do total de emissões de gases com efeito de estufa produzidas pelo homem para a atmosfera terrestre [2].

É essencial encontrar alternativas para produzir argamassas de cimento e betão que respeitem o ambiente. Assim, uma das alternativas para produzir argamassas mais ecológicas é substituir a quantidade de cimento Portland na argamassa por materiais derivados, como cinzas volantes, lama vermelha, metacaulino ou argila. Estas alternativas para produzir argamassa ecológica, bem como betão, também para o desenvolvimento de polímero inorgânico de alumina-silicato, chamado Geopolímero, que é sintetizado a partir de materiais de origem geológica ou materiais de subprodutos, tais como cinzas volantes, argila, sílica ativa, escória, cinza de casca de arroz, lama vermelha e metacaulim, que são ricos em silício e alumínio[3].

Em sentido lato, os geopolímeros são membros da família dos polímeros inorgânicos. A composição química do material geopolimérico é semelhante à dos materiais zeolíticos naturais, mas a microestrutura é amorfa. A composição dos zeólitos baseia-se numa estrutura de aluminossilicato e em polímeros inorgânicos de rede tridimensional constituídos por tetraedros de (Si, Al)O4 ligados por partilha de átomos de oxigénio em anéis e gaiolas. O processo de polimerização envolve uma reação química substancialmente rápida sob condições alcalinas em minerais Si-Al que resultam em cadeias poliméricas tridimensionais e estrutura anelar constituída por ligações Si-O-Al-O. A semelhança de algumas cinzas volantes com materiais aluminossilicatos naturais (devido à presença de Si e Al nas cinzas) encorajou a utilização da geopolimerização como uma possível solução tecnológica no fabrico de cimento especial [4].

A argamassa de geopolímero é um material cimentício, melhor alternativa ao cimento, uma vez que possui as vantagens de ganho rápido de resistência, eliminação da cura com água, boas propriedades mecânicas e de durabilidade. É um material ligante, produzido a partir de um alumino-silicato ativado numa solução altamente alcalina, desenvolvido por Joseph Davidovits em 1978. Davidovits propôs que um líquido alcalino poderia ser usado para reagir com o silício (Si) e o alumínio (Al) em material de origem geológica ou em materiais de subproduto, e porque a reação química que ocorre neste caso é o processo de polimerização, ele cunhou o termo (Geopolímero) para representar ligantes de tese. Estas argamassas resultam da reação de cinzas volantes com uma solução alcalina. A solução alcalina utilizada para o estudo é a combinação de hidróxido de sódio e silicato de sódio [5].

1.2 Construção ecológica e geopolímero

Os edifícios ecológicos incluem frequentemente medidas para reduzir o consumo de energia - tanto a energia incorporada necessária para extrair, processar, transportar e instalar materiais de construção como a energia operacional para fornecer serviços como o aquecimento e a eletricidade para o equipamento. A redução da utilização de novos materiais gera uma redução correspondente da energia incorporada (energia utilizada na produção de materiais).

Materiais de construção ecológicos A eficiência pode ser alcançada através da utilização de materiais que satisfaçam os seguintes critérios:

- **Conteúdo reciclado**: Produtos com conteúdo reciclado identificável, incluindo conteúdo pós-industrial, com preferência pelo conteúdo pós-consumo.
- **Naturais, abundantes ou renováveis**: Materiais colhidos de fontes geridas de forma sustentável e, de preferência, com uma certificação independente (por exemplo, madeira certificada) e certificados por um terceiro independente.

- **Processo de fabrico eficiente em termos de recursos**: Produtos fabricados com processos eficientes em termos de recursos, incluindo a redução do consumo de energia, a minimização dos resíduos (embalagens de produtos reciclados, recicláveis e/ou de origem reduzida) e a redução dos gases com efeito de estufa.
- **Disponível localmente**: Materiais de construção, componentes e sistemas encontrados localmente ou regionalmente, poupando energia e recursos no transporte para o local do projeto.
- **Recuperado, renovado ou remanufacturado**: Inclui salvar um material da eliminação e renovar, reparar, restaurar ou, de um modo geral, melhorar o aspeto, o desempenho, a qualidade, a funcionalidade ou o

valor de um produto.

- **Reutilizáveis ou recicláveis**: Selecionar materiais que possam ser facilmente desmontados e reutilizados ou reciclados no final da sua vida útil.
- **Embalagens de produtos reciclados ou recicláveis**: Produtos embalados em embalagens de conteúdo reciclado ou reciclável.
- **Duráveis**: Materiais que são mais duradouros ou comparáveis a produtos convencionais com uma longa esperança de vida

Do ponto de vista da sustentabilidade, os materiais à base de geopolímeros podem ser considerados como uma opção para a construção ecológica se os processos utilizados para o seu fabrico não causarem danos inaceitáveis ao ambiente, esgotamento de recursos ou danos à saúde humana. O aglutinante de geopolímero é um aglutinante de baixo consumo de energia, bem como de baixa pegada de carbono, esta tecnologia oferece um substituto 100% "verde" para o cimento Portland, com uma redução de 85% na pegada de carbono e 90% no consumo de energia [6].

As fontes de energia renováveis estão a ser utilizadas em todo o mundo e uma delas são os resíduos térmicos. Para fazer face aos efeitos ambientais associados ao cimento comum, é necessário utilizar outros ligantes para fazer betão ou argamassa. Assim, a preservação do ambiente tornou-se uma forte força motriz por detrás da procura de um novo material cimentício sustentável e amigo do ambiente. Neste sentido, o geopolímero à base de lama vermelha e argila está a ser estudado como um material candidato. Estes já não são um resíduo, mas um produto ecológico disponível em abundância no território indiano.

1.3 Argamassa geopolimérica à base de argila e solo vermelho

A argila é um dos materiais de construção mais antigos, mais sustentáveis e mais saudáveis do mundo. A sua história remonta à pré-história e tem sido utilizada pelos povos indígenas há milénios em todo o mundo. Desde as muralhas de Jericó, os Zigurates da antiga Babilónia, a Grande Muralha da China, o Coliseu, os Minaretes do Islão até às sofisticadas estruturas modernas em todo o mundo, o barro foi e continua a ser o material de construção preferido de grande parte da população mundial.

Durante o final do século XIX, a construção em barro começou a desaparecer com a ascensão do betão como material de eleição, mas hoje em dia a consciência crescente dos problemas ambientais causados pelos materiais de construção ditos "modernos" deu origem a toda uma nova geração de defensores e aficionados do barro. Devido às suas propriedades reguladoras da humidade, a argila pode evitar a secagem das membranas mucosas e reduzir a acumulação de poeiras finas. Estas qualidades sugerem que a construção com barro pode ajudar a prevenir muitas constipações, problemas respiratórios e alergias.

A argila [Fig.1] também tem sido descrita como um purificador do ar e redutor de odores e está provado que a argila absorve as toxinas dissolvidas no vapor de água do ar. A argila também armazena o calor no inverno e o frio no verão. Por este motivo, a conceção e a construção com argila contribuem consideravelmente para a poupança de energia. Quando se tem em conta a baixa energia necessária para a preparação da argila no seu processamento e utilização, a construção com argila é muito amiga do ambiente. De acordo com Rudolf, é necessário apenas cerca de 1% da energia necessária para fazer tijolos ou betão. [7]

A argila é uma rocha natural de grão fino ou um material do solo que combina um ou mais minerais de argila com vestígios de óxidos metálicos e matéria orgânica. As argilas são plásticas devido ao seu teor de água e tornam-se duras, frágeis e não plásticas após secagem ou cozedura. A argila é um dos materiais de construção mais antigos da Terra, entre outros materiais geológicos antigos e naturais como a pedra e materiais orgânicos como a madeira. Entre metade e dois terços da população mundial, tanto em sociedades tradicionais como em países desenvolvidos, ainda vive ou trabalha num edifício feito com argila como parte essencial da sua estrutura de suporte de carga. Sendo também um ingrediente primário em muitas técnicas de construção naturais, a argila é utilizada para criar estruturas de adobe, sabugo, lenha e terra batida e elementos de construção como a taipa, o gesso de argila, o reboco de argila, os pavimentos de argila, as tintas de argila e os materiais de construção cerâmicos. A argila era utilizada como argamassa em chaminés de tijolo e paredes de pedra, quando protegidas da água [8]

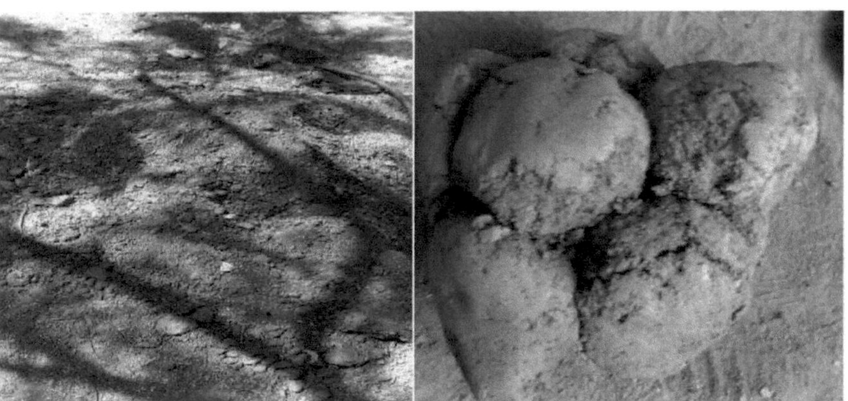

Figi. Solo vermelho e materiais argilosos em Karaikudi

Os solos vermelhos fazem parte de um grupo de solos que se desenvolvem num clima quente, temperado e húmido, sob florestas de folha caduca ou mistas, e que têm finas camadas orgânicas e orgânico-minerais sobrepostas a uma camada lixiviada castanho-amarelada que repousa sobre uma camada vermelha iluvial. Os solos vermelhos formam-se geralmente a partir de rochas sedimentares ricas em ferro. São normalmente solos de crescimento pobre, pobres em nutrientes e húmus e difíceis de cultivar. Os solos vermelhos constituem o segundo maior grupo de solos da Índia, cobrindo uma área de cerca de 6,1 lakhs km2 (18,6% da área da Índia) na península, desde Tamil Nadu, a sul, até Bundelkhand, a norte, e das colinas de Rajmahal, a leste, até Kachchh, a oeste. Estão rodeadas de solos negros a sul, a leste e a norte [9].

A terra vermelha é um solo que tem uma tonalidade avermelhada devido à presença de compostos de ferro. Alguns tipos de terra vermelha são argilas, e este tipo pode ser utilizado em projectos de cerâmica, quer isoladamente quer misturado com outros materiais. Historicamente, também tem sido utilizada na produção de materiais de construção, como os tijolos. A Índia produz cerca de 170 mil milhões de tijolos por ano, consumindo cerca de 442 milhões de toneladas de terra (sítio Web: http://www.ecobrick.in/clay-pfabrick.aspx).

Assim, todos os projectos experimentais de construção em terra estabilizada de baixo custo foram um sucesso. De acordo com Denyer (1978), "a arquitetura de terra não deve, naturalmente, ser

Antes de construir qualquer edifício com terra, é essencial identificar o solo a ser utilizado.

1.4 Objectivos do projeto:

Esta investigação tem como objetivo a utilização extensiva de terra crua como principal material de construção, utilizando assim um recurso local para ajudar a desenvolver tecnologias que poupem energia, sejam amigas do ambiente e sustentáveis.

Os principais objectivos deste projeto:

- Avaliar e caraterizar a composição química e a microestrutura da argila e do solo vermelho
- Avaliar a durabilidade do betão geopolimérico à base de terra vermelha pura e argila.
- Avaliar o desempenho da argamassa de geopolímero em condições ambientais severas (resistência a ácidos, resistência a sulfatos e resistência a cloretos).

CAPÍTULO 2

REVISÃO DA LITERATURA

2.1 Geral

Foi feita uma descrição pormenorizada da energia necessária para a produção de cimento e das emissões de CO_2 para o ambiente. A tecnologia de geopolímeros, o mecanismo de reação, os constituintes, a proporção de mistura, os factores que afectam, etc., são analisados a partir de várias literaturas.

2.2 Energia e emissões de CO_2

O consumo de energia é a maior preocupação ambiental na produção de cimento e betão. A produção de cimento é um dos processos de fabrico industrial com maior intensidade energética. Incluindo a utilização direta de combustível para a extração e transporte de matérias-primas, a produção de cimento consome cerca de seis milhões de Btus por cada tonelada de cimento. A distribuição da energia eléctrica na indústria do cimento é apresentada na Tabela 1.

Tabela 1: Distribuição da energia eléctrica na indústria cimenteira [10].

Section/Equipment	**Electrical energy consumption (kWh/tone)**	**Share (%)**
Mines, crusher and stacking	1.50	2.00
Re-claimer, raw meal grinding and transport	18.00	24.00
Kiln feed, kiln and cooler	22.00	29.30
Coal mill	5.00	6.70
Cement grinding and transport	23.00	30.70
Packing	1.50	2.00
Lighting, pumps and services	4.00	5.30
Total	**75.00**	**100.00**

A distribuição de energia entre os equipamentos de fabrico de cimento é apresentada na Fig.2 [10].

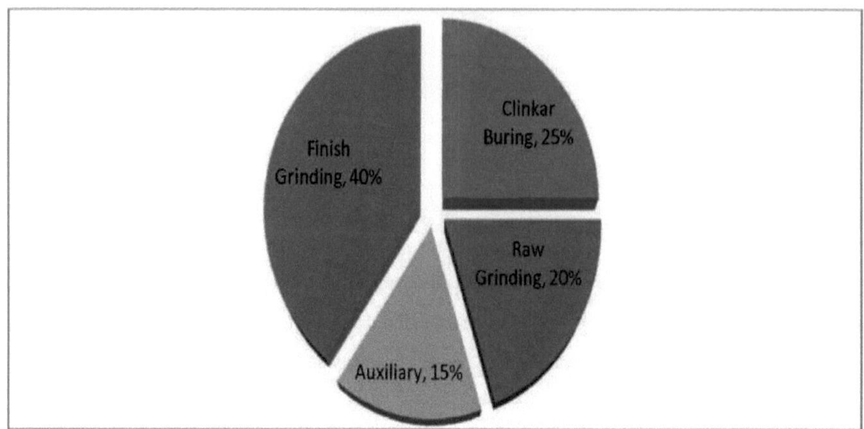

Fig.2 Distribuição de energia entre os equipamentos de fabrico de cimento

A grande maioria da energia consumida na produção de cimento é utilizada para o funcionamento dos fornos de cimento rotativos. Os novos fornos de processo seco são mais eficientes em termos energéticos do que os antigos fornos de processo húmido, porque não é necessária energia para eliminar a humidade. Num forno moderno de processo seco, é frequentemente utilizado um pré-aquecedor para aquecer os ingredientes utilizando o calor residual dos gases de escape dos queimadores do forno. Um forno de processo seco assim adaptado pode utilizar até 50% menos energia do que um forno de processo húmido, de acordo com os investigadores da UBC.

Nalguns países do terceiro mundo, a produção de cimento é responsável por dois terços da utilização total de energia, de acordo com o World Watch Institute. Embora o fabrico de cimento seja extremamente intensivo em termos energéticos, as temperaturas muito elevadas utilizadas num forno de cimento têm pelo menos uma vantagem: o potencial para queimar resíduos perigosos como combustível. Os combustíveis residuais que podem ser utilizados nos fornos de cimento incluem óleo de motor usado, solventes usados, tintas de impressão, resíduos de tinta, fluidos de limpeza e pneus velhos. Estes podem ser queimados com relativa segurança porque as temperaturas extremamente elevadas resultam numa combustão muito completa com emissões de poluição muito baixas. (Os incineradores de resíduos sólidos urbanos funcionam a temperaturas consideravelmente mais baixas). De facto, para alguns produtos químicos, a destruição térmica num forno de cimento é o método mais seguro de eliminação. Um único forno de cimento pode queimar mais de um milhão de pneus por ano, de acordo com a Associação de Cimento Portland. Libra por libra, estes pneus têm um teor de combustível mais elevado do que o carvão, e o ferro das cintas de aço pode ser utilizado como ingrediente no fabrico de cimento. Os combustíveis residuais constituem uma parte significativa (e crescente) do cabaz energético das fábricas de cimento e a Associação Canadiana de Cimento Portland estima que os combustíveis residuais poderão vir a fornecer até 50% da energia. A forte dependência da indústria do carvão conduz a níveis especialmente elevados de emissões de CO2, óxido nitroso e enxofre, entre outros poluentes. Uma parte considerável da eletricidade utilizada é também produzida a partir do carvão [10].

Existem duas fontes muito diferentes de emissões de dióxido de carbono durante a produção de cimento. A combustão de combustíveis fósseis para operar o forno rotativo é a maior fonte: aproximadamente 3/4 toneladas de CO2 por tonelada de cimento. Mas o processo químico de calcinação do calcário em cal no forno de cimento também produz CO2: CaCO3 ' CaO + co2 calcário ' cal + dióxido de carbono. Este processo químico é responsável por cerca de 1/2 tonelada de co2 por tonelada de cimento, de acordo com investigadores do Oak Ridge National Laboratory [11].

Combinando estas duas fontes, por cada tonelada de cimento produzida, são libertadas para a atmosfera 1,25 toneladas de co2 (Quadro 2). Nos Estados Unidos, a produção de cimento é responsável por aproximadamente 100 milhões de toneladas de emissões de co2, ou seja, um pouco menos de 2% do total de CO2 gerado pelo homem. A nível mundial, a produção de cimento é atualmente responsável por mais de 1,6 mil milhões de toneladas de co2 - mais de 8% do total de emissões de co2 de todas as actividades humanas.

Assim, o cimento comum, frequentemente designado pelo seu nome formal de cimento Portland, é um grave poluente atmosférico. Com efeito, o fabrico do clínquer de cimento Portland implica a calcinação do carbonato de cálcio de acordo com a reação:

5CaCO3 + 2SiO2 → **(3CaO, SiO2) (2CaO, SiO2) + 5CO2** [11]

Quadro 2: Emissões de CO2 da produção de cimento e betão

	lbs CO_2 per ton of cement	lbs CO_2 per cu. yd. of concrete	Percent of total CO_2
CO_2emissions from energy use	1,410	381	60
CO_2 emissions from calcining of limestone	997	250	40
Total CO_2emissions	2,410	631	100

A forma mais significativa de reduzir as emissões de co2 é melhorar a eficiência energética da operação do forno de cimento. De facto, nas últimas décadas, registaram-se reduções drásticas na utilização de energia, como já foi referido. A mudança para combustíveis com menor teor de co2, como o gás natural e os resíduos agrícolas (cascas de amendoim, etc.), também pode reduzir as emissões. Outra estratégia, que aborda as emissões de co2 da calcinação do calcário, é a utilização de resíduos de cal de outras indústrias no forno. A substituição de parte do cimento no betão por cinzas volantes pode ter um efeito muito grande [11].

2 .3 Tecnologia dos geopolímeros

2.3.1 Química de Geopolímeros:

São utilizadas três fontes para formar o geopolímero, ou seja, matérias-primas, carga inativa e licor de geopolímero. As matérias-primas podem ser minerais naturais (alumino-silicato) ou resíduos industriais, por exemplo, cinzas volantes, escórias e resíduos de vidro. O material de enchimento inativo, principalmente caulinite ou meta-caulinite, é utilizado para fornecer iões Al3+ (Ikeda 1998). O licor de geopolímero é definitivamente uma solução de hidróxido alcalino necessária para dissolver as matérias-primas, enquanto a solução de silicato de sódio (ou potássio) actua como aglutinante, ativador alcalino e dispersante ou plastificante (Phair 2001).

O geopolímero contém óxidos de silicato (SiO4) e de aluminato (AlO4) tetraédricos ligados alternadamente, onde todos os átomos de oxigénio estão trocados (Davidovits 1976). Os iões positivos (Na+, K+ e Ca2+) devem certamente estar contidos nos espaços vazios da estrutura para equilibrar a carga negativa do Al3+. Os poli (sialatos) são polímeros de cadeia com Si^{4+} e Al^{3+} em coordenação quádrupla com o oxigénio e a sua fórmula empírica é

Pode ser expresso como:

Mn(-(SiO2)**z-AlO2**)**n** wH2O

Se **z** for 1, 2, 3 ou superior

Mis um catião monovalente como o K+ ou o Na+

n é o grau de policondensação

A estrutura complexa do geopolímero contém, assim, cadeias, folhas e redes tridimensionais compostas por vários tipos de unidades de SiO4 e AlO4 tetraédricas ligadas (Singh et al. 2005).

A formação esquemática do material geopolimérico pode ser descrita pelas Equações (1) e (2) (van Jaarsveld, van Deventer et al. 1997; Davidovits 1999). Estas formações indicam que todos os materiais que contêm maioritariamente silício (Si) e alumínio (Al) podem ser processados para produzir o material geopolimérico.

$$n(Si_2O_5, Al_2O_2) + 2nSiO_2 + 4nH_2O + NaOH/KOH \rightarrow Na^+, K^+ + n(OH)_3\text{-Si-O-}\underset{(OH)_2}{Al^-}\text{-O-Si-}(OH)_3 \quad (1)$$

(Si-Al materials) (Geopolymer precursor)

$$n(OH)_3\text{-Si-O-}\underset{(OH)_2}{Al^-}\text{-O-Si-}(OH)_3 + NaOH/KOH \rightarrow (Na^+, K^+)\text{-(-Si-O-}Al^-\text{-O-Si-O-)} + 4nH_2O \quad (2)$$

(Geopolymer backbone)

As duas reacções acima referidas sugerem que qualquer material que contenha maioritariamente sílica e alumina na forma amorfa é uma fonte possível para a produção de geopolímero [12].

2.3.2 Mecanismo de Geopolimerização:

A geopolimerização é um processo exotérmico que é realizado através de oligómeros (dímeros, trímeros) que são as estruturas unitárias fundamentais para o edifício macromolecular tridimensional (Davidovits 1988). Davidovits (1991) também afirmou que a geopolimerização poderia ser considerada como o análogo da síntese de zeólito. Por outras palavras, a química envolvida na geopolimerização é semelhante à da síntese de zeólito, embora a microestrutura do geopolímero seja amorfa a semi-cristalina em vez de cristalina. Em geral, a geopolimerização envolve uma série de processos, incluindo dissolução, reorientação e solidificação (Davidovits 1991; Buchwald et al. 2004; Duxson et al. 2005, 2007).

O mecanismo exato de fixação e endurecimento do material geopolimérico não é claro, bem como a sua cinética de reação. No entanto, a maioria dos mecanismos propostos consiste no seguinte (Davidovits 1999; Xu e van Deventer 2000):

>Dissolução dos átomos de Si e de Al do material de origem por ação dos iões hidróxido.

>Transporte ou orientação ou condensação de iões precursores em monómeros.

>Fixação ou policondensação/polimerização de monómeros em estruturas poliméricas.

No entanto, estas três etapas podem sobrepor-se umas às outras e ocorrer quase simultaneamente, tornando assim difícil isolar e examinar cada uma delas separadamente (Palomo, Grutzeck et al. 1999).

Um geopolímero pode assumir uma das três formas básicas (Davidovits 1999), ou seja

- Poli(sialato), que tem [-Si-O-Al-O-] como unidade de repetição.
- Poli(sialato-siloxo), que tem [-Si-O-Al-O-Si-O-] como unidade de repetição.
- Poli(sialato-disiloxo), que tem [-Si-O-Al-O-Si-O-Si-O-] como unidade de repetição.

N: B: Sialato é uma abreviatura de silício-oxo-aluminato.

Davidovits (1999) propôs as possíveis aplicações do material geopolimérico em função do rácio molar entre Si e Al, como indicado no Quadro 3.

Quadro 3: Aplicações do material geopolimérico [12]

Si/Al	Application
1	Bricks, ceramics, fire protection
2	Low CO2 cements, concrete, radioactive & toxic waste encapsulation
3	Heat resistance composites, foundry equipments, fibre glass composites
>3	Sealants for industry
20<Si/Al<35	Fire resistance and heat resistance fibre composites

2.3.3 Componentes do geopolímero:

2.3.3.1 Materiais de origem

Os minerais naturais de Al-Si mostraram potencial para serem os materiais de origem para a geopolimerização, embora ainda não esteja disponível uma previsão quantitativa sobre a adequação de um mineral específico como material de origem, devido à complexidade dos mecanismos de reação envolvidos (Xu e van Deventer 2000). Entre os materiais de subproduto, apenas as cinzas volantes e as escórias provaram ser potenciais matérias-primas para a produção de geopolímeros. As cinzas volantes são consideradas vantajosas devido à sua elevada reatividade, que resulta do facto de as suas partículas serem mais finas do que as das escórias. Além disso, a cinza volante com baixo teor de cálcio é mais desejável do que a escória como matéria-prima para o geopolímero

A adequação de vários tipos de cinzas volantes para serem materiais de origem de geopolímeros foi estudada por Fernandez-Jimenez e Palomo (2003). Estes investigadores afirmaram que, para produzir propriedades de ligação óptimas, as cinzas volantes com baixo teor de cálcio devem ter uma percentagem de material não queimado (LOI) inferior a 5%, o teor de Fe2O3 não deve exceder 10%, o teor de CaO é baixo e o teor de sílica reactiva deve situar-se entre 40[13].

50% e 80-90% das partículas devem ser mais pequenas do que 45 pm. Pelo contrário, van Jaarsveld et al (2003) verificaram que as cinzas volantes com maior quantidade de CaO produziam maior resistência à compressão do geopolímero, devido à formação de hidrato de aluminato de cálcio e outros compostos de cálcio, especialmente nas primeiras idades. As outras caraterísticas que influenciam a adequação das cinzas volantes para serem um material de origem para geopolímeros são o tamanho das partículas, o conteúdo amorfo, bem como a morfologia e a origem das cinzas volantes [13].

2.3.3.2 Activadores alcalinos

O ativador alcalino mais comum utilizado na geopolimerização é uma combinação de hidróxido de sódio (NaOH) ou hidróxido de potássio (KOH) e silicato de sódio ou silicato de potássio (Davidovits 1999; Palomo,

Grutzeck et al. 1999; Barbosa, MacKenzie et al. 2000; Xu e van Deventer 2000; Swanepoel e Strydom 2002; Xu e van Deventer 2002). Foi relatada a utilização de um único ativador alcalino (Palomo, Grutzeck et al. 1999; Teixeira-Pinto, Fernandes et al. 2002),

Palomo et al (1999) concluíram que o tipo de ativador desempenha um papel importante no processo de polimerização. As reacções ocorrem a uma taxa elevada quando o ativador alcalino contém silicato solúvel, quer de sódio quer de potássio, em comparação com a utilização de apenas hidróxidos alcalinos. Xu e van Deventer (2000) confirmaram que a adição de uma solução de silicato de sódio à solução de hidróxido de sódio como ativador alcalino aumentava a reação entre o material de origem e a solução. Além disso, após um estudo sobre a geopolimerização de dezasseis minerais naturais de Al-Si, verificaram que, em geral, a solução de NaOH provocava uma maior dissolução dos minerais do que a solução de KOH.

2.3.4 Misturas Proporções:

Até à data, a maior parte dos trabalhos sobre materiais geopoliméricos referia-se às propriedades da pasta ou argamassa geopolimérica, medidas com recurso a amostras de pequenas dimensões. Além disso, não foram comunicados os pormenores completos das composições da mistura da pasta de geopolímero.

Palomo et al (1999) estudaram a geopolimerização de cinzas volantes ASTM Classe F (Si/Al molar=1,81) utilizando quatro soluções activadoras diferentes com a relação solução/cinzas volantes em massa de 0,25 a 0,30. O SiO_2/K_2O ou SiO_2/Na_2O molar das soluções estava no intervalo de 0,63 a 1,23. Os espécimes tinham dimensões de 10x10x60 mm. A melhor resistência à compressão obtida foi superior a 60 MPa para as misturas que utilizaram uma combinação de hidróxido de sódio e solução activadora de silicato de sódio, após a cura dos espécimes durante 24 horas a 65^0 C. Xu e van Deventer (2000) referiram que a proporção de solução alcalina para pó de alumino-silicato em massa deve ser de aproximadamente 0,33 para permitir a ocorrência das reacções geopoliméricas. As soluções alcalinas formaram um gel espesso instantaneamente após a mistura com o pó de aluminossilicato. O tamanho da amostra no seu estudo foi de 20x20x20 mm, e a resistência máxima à compressão alcançada foi de 19 MPa após 72 horas de cura a 35^0 C com estilbite como material de origem. Por outro lado, van Jaarsveld et al (1998) referiram a utilização de um rácio de massa da solução para o pó de cerca de 0,39. No seu trabalho, 57% de cinzas volantes foram misturadas com 15% de caulino ou caulino calcinado, e foram activadas com 3,5% de silicato de sódio, 20% de água e 4% de hidróxido de sódio ou potássio. Neste caso, utilizaram provetes com dimensões de 50 x 50 x 50 mm. A resistência máxima à compressão obtida foi de 75 MPa para o caso da utilização de cinzas volantes e resíduos de construção como material de origem.

Seguindo o trabalho anterior de Davidovits (1982) e usando caulino calcinado como material de origem, Barbosa et al (2000) prepararam sete composições de mistura de pasta de Geopolímero para a seguinte gama de razões molares de óxido: 0,2<Na2O/SiO2<0,48; 3,3<SiO2/Al2O3<4,5 e 10<H2O/Na2O<25. A partir dos ensaios realizados nos provetes de pasta, verificaram que a composição óptima ocorreu quando a relação Na2O/SiO2 era de 0,25, a relação H2O/Na2O era de 10,0 e a relação SiO2/Al2O3 era de 3,3. As misturas com elevado teor de água, i.e. H2O/Na2O = 25, desenvolveram resistências à compressão muito baixas, o que demonstra a importância do teor de água na polimerização. Não há informações sobre o tamanho dos espécimes, enquanto os moldes utilizados eram de uma fina película de polietileno.

2.3.5 Processo de fabrico com geopolímero fresco:

A informação sobre o comportamento do geopolímero fresco é limitada. Utilizando metacaulino como material de origem, Teixeira Pinto et al (2002) verificaram que a argamassa de Geopolímero fresco se tornava muito rígida e seca durante a mistura, e exibia uma elevada viscosidade e natureza coesiva. Sugeriram que o tipo de misturador forçado deveria ser utilizado na mistura dos materiais de geopolímero, em vez do misturador de gravidade. Um aumento no tempo de mistura aumentou a temperatura do geopolímero fresco e, por conseguinte, reduziu a trabalhabilidade. Para melhorar a trabalhabilidade, sugeriram a utilização de aditivos para reduzir a viscosidade e a coesão.

Enquanto Teixeira Pinto et al (2002) concluíram que o aparelho de agulha de Vicat não é adequado para medir o tempo de presa do betão de geopolímero fresco, Cheng e Chiu (2003) apresentaram a única informação disponível até à data sobre a medição quantitativa do tempo de presa do material de geopolímero utilizando a agulha de Vicat. Para a pasta de geopolímero fresca à base de metacaulino e escória de alto-forno moída, mediram o tempo de presa do material de geopolímero à temperatura ambiente e a uma temperatura elevada. No caso da temperatura elevada, a medição foi efectuada no forno. Verificaram que o tempo de endurecimento inicial era muito curto para o geopolímero curado a 60^0 C, no intervalo de 15 a 45 minutos.

Barbosa, MacKenzie et al. 1999) mediram a viscosidade da pasta de geopolímero à base de metacaulino fresco, e relataram que a viscosidade da pasta de geopolímero aumentou com o tempo.

A maior parte do processo de fabrico de pastas de geopolímero envolve a mistura a seco dos materiais de origem, seguida da adição da solução alcalina e depois de uma nova mistura durante um período de tempo especificado (van Jaarsveld, van Deventer et al. 1998; Swanepoel e Strydom 2002; Teixeira-Pinto, Fernandes et al. 2002).

No entanto, Cheng e Chiu (2003) relataram a mistura de KOH e metacaulim durante dez minutos. O silicato de sódio e a escória de alto-forno moída foram então adicionados, seguidos de uma nova mistura durante mais cinco minutos. As amostras de pasta foram então moldadas em cubos de 50x50x50 mm e vibradas durante cinco minutos.

Para a cura, foi utilizada uma vasta gama de temperaturas e períodos de cura, desde a temperatura ambiente até cerca de 90oC, e desde 1 hora até mais de 24 horas. Foi relatado que os geopolímeros produzidos com metacaulino endurecem à temperatura ambiente num curto espaço de tempo (Davidovits 1999). No entanto, a temperatura e o tempo de cura têm desempenhado um papel importante na determinação das propriedades dos geopolímeros produzidos a partir de subprodutos como as cinzas volantes. Palomo et al (1999) afirmaram que o aumento da temperatura de cura acelerou a ativação das cinzas volantes e resultou numa maior resistência à compressão

Barbosa et al (2000) elaborou o processo de fabrico do Geopolímero deixando as misturas frescas maturar à temperatura ambiente durante 60 minutos, seguido de cura a 65^0 C durante 90 minutos, e depois secagem a 65^0 C.

2.3.6 Factores que afectam as propriedades do geopolímero:

Foram identificados vários factores como parâmetros importantes que afectam as propriedades do geopolímero. Palomo et al (1999) concluíram que a temperatura de cura era um acelerador de reação no geopolímero à base de cinzas volantes e afectava significativamente a resistência mecânica, juntamente com o tempo de cura e o tipo de ativador alcalino. Foi provado que uma temperatura de cura mais elevada e um tempo de cura mais longo resultam numa maior resistência à compressão. O ativador alcalino que continha silicatos solúveis provou aumentar a taxa de reação em comparação com as soluções alcalinas que continham apenas hidróxido.

Van Jaarsveld et al (2002) concluíram que o teor de água e as condições de cura e calcinação da argila de caulino afectavam as propriedades do geopolímero. No entanto, também afirmaram que a cura a uma temperatura demasiado elevada causava fissuras e um efeito negativo nas propriedades do material. Por fim, sugeriram a utilização de uma cura suave para melhorar as propriedades físicas do material. Noutro relatório, van Jaarsveld et al (2003) afirmaram que os materiais de origem determinam as propriedades do geopolímero, especialmente o teor de CaO e o rácio água/cinzas volantes.

Com base num estudo estatístico sobre o efeito dos parâmetros no processo de polimerização do geopolímero à base de metacaulino, Barbosa et al (1999; 2000) referiram a importância da composição molar dos óxidos presentes na mistura e do teor de água. Confirmaram também que o geopolímero curado apresentava uma microestrutura amorfa e exibia baixas densidades aparentes entre 1,3 e 1,9.

Com base no estudo da geopolimerização de dezasseis minerais naturais de Si e Al, Xu e van Deventer (2000) referiram que factores como a percentagem de CaO, K_2O e a razão molar de Si para Al no material de origem, o tipo de ativador alcalino, a extensão da dissolução de Si e a razão molar de Si para Al em solução influenciaram significativamente a resistência à compressão do geopolímero [13].

CAPÍTULO 3

TRABALHO EXPERIMENTAL

3.1 Geral

Esta secção descreve em pormenor os materiais utilizados, as proporções da mistura, a preparação dos provetes e os vários ensaios realizados como parte do trabalho experimental.

3.2 Materiais utilizados

Terra vermelha e argila: Recolhido em Karaikudi, Tamil Nadu, é utilizado para moldar o espécime.

Agregado fino: Foi utilizada areia de rio disponível localmente, que passa por um peneiro de 4,75 mm. Aglutinante: São utilizadas combinações de hidróxido de sódio (NaOH) e silicato de sódio (Na_2SiO_3) para conseguir a ativação da argamassa de geopolímero. A composição química do silicato de sódio é: Na_2O-14,922%, SiO_2-43,247% e H_2O -41,83% [5]. As concentrações de ligante foram 8M, 10M, 12M e 14M com ativador alcalino para o rácio de solo vermelho foram 0,2, 0,3 e 0,4.

Água: Utiliza-se água portátil com pH 7 a 8,5; Cl^- = 40 ppm, Dureza = 240 ppm e água destilada para fazer o aglutinante [14].

Óxido de cálcio (grau LR): (1% do peso da amostra) foi utilizado para o endurecimento rápido da argamassa.

3.3 Preparação da pasta

Os sólidos de hidróxido de sódio (NaOH) são dissolvidos em água para formar a solução. A massa dos sólidos de NaOH numa solução variava em função da concentração da solução, expressa em termos molares, M. Por exemplo, uma solução de NaOH com uma concentração de 8M consistia em 8x40 = 320 gramas de sólidos de NaOH (em flocos ou pastilhas) por litro de solução, sendo 40 o peso molecular do NaOH. Para a preparação do ligante, os parâmetros escolhidos para os constituintes da mistura incluíram uma relação entre a solução de silicato de sódio e a solução de hidróxido de sódio, em massa, de 2,5[15]. No dia da moldagem dos espécimes, o líquido alcalino foi misturado com o super plastificante e água extra (se houver) para preparar o componente líquido da mistura.

3.4 Caracterização Elementar e Morfológica

3.4.1 Difração de raios X (XRD):

Os difractogramas de raios X dos geopolímeros à base de terra vermelha são apresentados na Fig. 3. Embora a terra vermelha e a argila sejam um material essencialmente vítreo, também contêm uma série de fases cristalinas minoritárias, como o quartzo (SiO2, JCPDS 05-0492), a caulinite (3Al2O3.2SiO2, JCPDS 15-0776) e a magnetite (Fe3O4, JCPDS 19-0629).

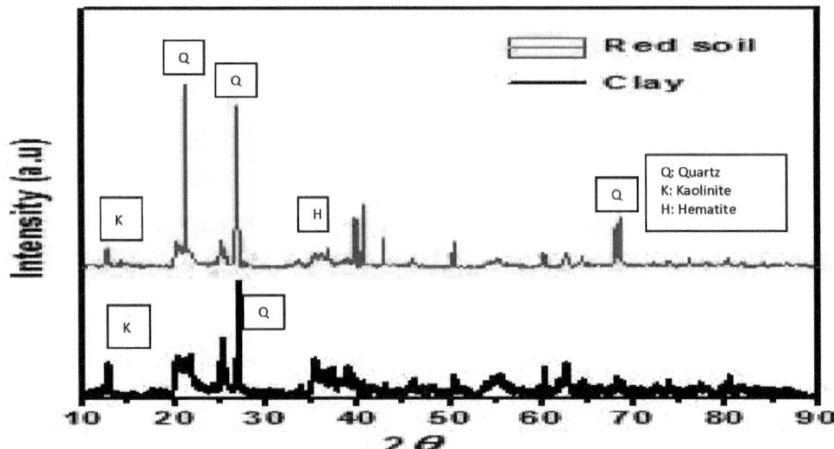

Fig3. Difractogramas de raios X de solo vermelho e argila

O material básico do solo vermelho à base de geopolímero é de carácter predominantemente amorfo, contendo apenas raramente cristais minoritários em forma de agulha [16].3.4.2 Fluorescência de Raios X (XRF) e Análise de Tamanho de Partículas (PSA): A composição elementar do solo vermelho e da argila foi determinada por análise de Fluorescência de Raios X (XRF), são dadas na Tabela 4. A partir da Tabela 4, observou-se que tanto a argila como o solo vermelho têm mais de 70% de materiais de aluminossilicato e podem ser utilizados para fazer betão de geopolímero. Os percentis da argila e do solo vermelho foram determinados por um analisador de tamanho de partículas e são apresentados no Quadro 5.

Quadro 4: Composição da terra vermelha e da argila determinada Quadro 5: Percentagens de argila e terra vermelha por XRF (%Massa)

Composition	Clay	Red Soil
SiO_2	53.221	61.563
Al_2O_3	25.311	22.579
Fe_2O_3	14.823	8.742
CaO	0.803	0.390
MgO	3.754	4.283
MnO_2	0.080	0.208
TiO_2	2.009	2.236

% Tile	Clay(nm)	Red soil(nm)
10.00	165.2	139.6
20.00	200.5	166.9
30.00	228.9	190.8
40.00	252.3	214.1
50.00	272.9	238.1
60.00	292.2	263.5
70.00	311.0	292.8
80.00	332.0	329.0
90.00	360.0	384.0
100.00	382.0	429.0

A distribuição granulométrica da argila e do solo vermelho é apresentada na Fig.4

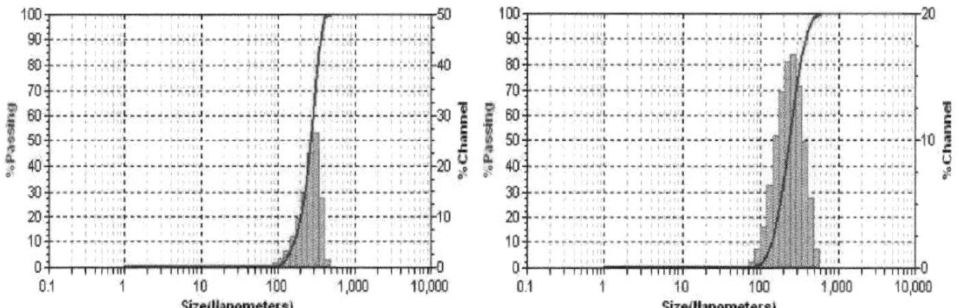

Fig.4 Distribuição granulométrica para argila (esquerda) e solo vermelho (direita)

A partir da Fig.4, observa-se que o tamanho das partículas varia entre 165,2nm e 382nm, 139,6nm e 429nm para argila e solo vermelho, respetivamente.

3.4.3 SEM/EDAX:

A Fig.5 mostra as micrografias electrónicas de varrimento do solo vermelho e da argila, respetivamente. Ambas as partículas têm uma forma esponjosa e uma vasta gama de tamanhos ou diâmetros de partículas, tal como indicado pelo analisador de tamanho de partículas.

Fig. 5. Imagem SEM de argila e solo vermelho

Para analisar a pureza das partículas de terra vermelha, foi efectuada uma análise elementar com o instrumento Hitachi S-3000H EDX. A amostra foi recolhida numa grelha de cobre revestida de carbono e colocada no interior da câmara de evacuação e analisada. O componente de terra vermelha e argila pelo método EDX tem o mesmo resultado do método do difratómetro de raios X (XRD) que é mostrado nas Figuras 6 e 7. A partir da figura, observou-se que os solos vermelhos têm mais de 70% de materiais de aluminossilicato e podem ser usados para fazer argamassa de geopolímero.

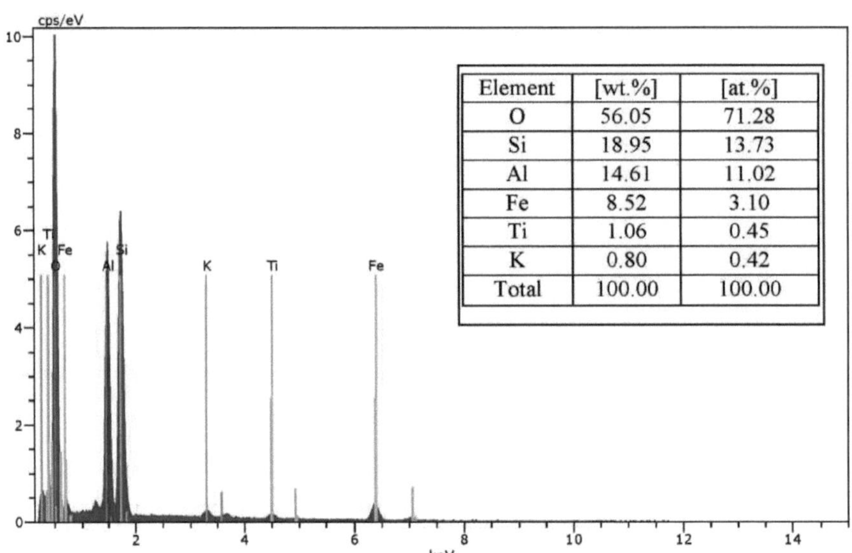

Element	[wt.%]	[at.%]
O	56.05	71.28
Si	18.95	13.73
Al	14.61	11.02
Fe	8.52	3.10
Ti	1.06	0.45
K	0.80	0.42
Total	100.00	100.00

Fig. 6. Espectro EDX das partículas de argila

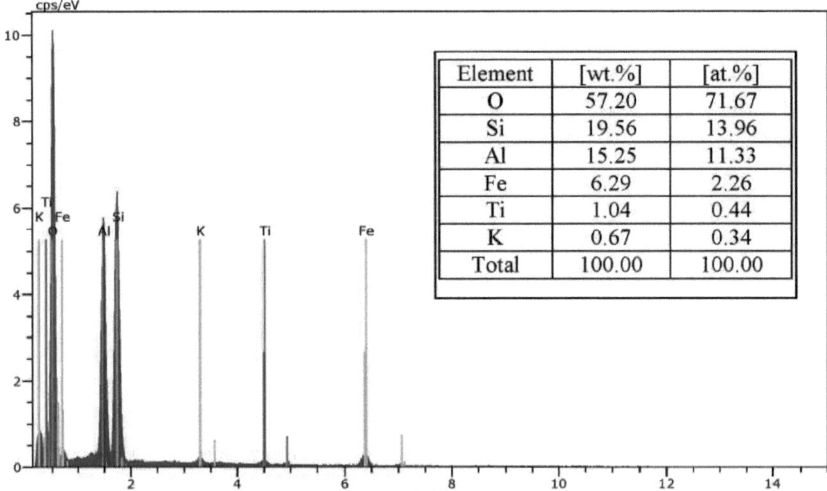

Element	[wt.%]	[at.%]
O	57.20	71.67
Si	19.56	13.96
Al	15.25	11.33
Fe	6.29	2.26
Ti	1.04	0.44
K	0.67	0.34
Total	100.00	100.00

Fig. 7. Espectro EDX de partículas de solo vermelho

3.4.4 Análise gravimétrica térmica (TGA):

Neste ensaio de TGA, a perda de massa foi medida enquanto os espécimes eram gradualmente expostos a temperaturas crescentes. Os espécimes em pó foram utilizados em TGA para assegurar a obtenção do equilíbrio térmico durante o aquecimento transiente [17]. A Fig.8 e a Fig.9 mostram os resultados da análise TGA/DTA do solo vermelho e da argila pré-formados a uma taxa de aquecimento constante de 20^0 C por minuto até 1000^0 C.

Os resultados mostraram que a DTA da composição triaxial revela endotermas com máximos a aproximadamente 30,71°C para desidratação. O pico a 375,04 °C corresponde à desidroxilação do caulino ($Al2Si2O_5(OH)_4$) para formar meta-caulino. A exoterma a 618,05°C corresponde ao início da cristalização da mulita.

O perfil TGA (Fig.4) mostra uma perda de massa de 10,52 wt%.

Pode observar-se que as curvas TGA para estas pastas consistem em quatro zonas:

- ~ 25-85.67 °C: Desidratação da água dos poros;
- ~ 85.673-287.78 °C: Desidratação de hidratos de silicatos;
- ~ 287.78-420.39 °C: Desidroxilação do hidróxido de cálcio; e
- ~ 420.39-613.95 °C: Descarbonatação de $CaCO_3$.

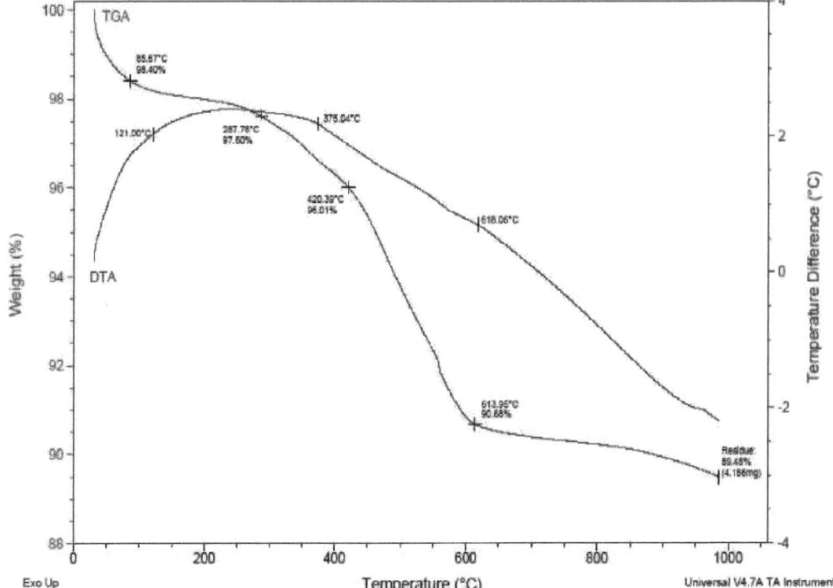

Fig.8 TGA/DTA de partículas de solo vermelho

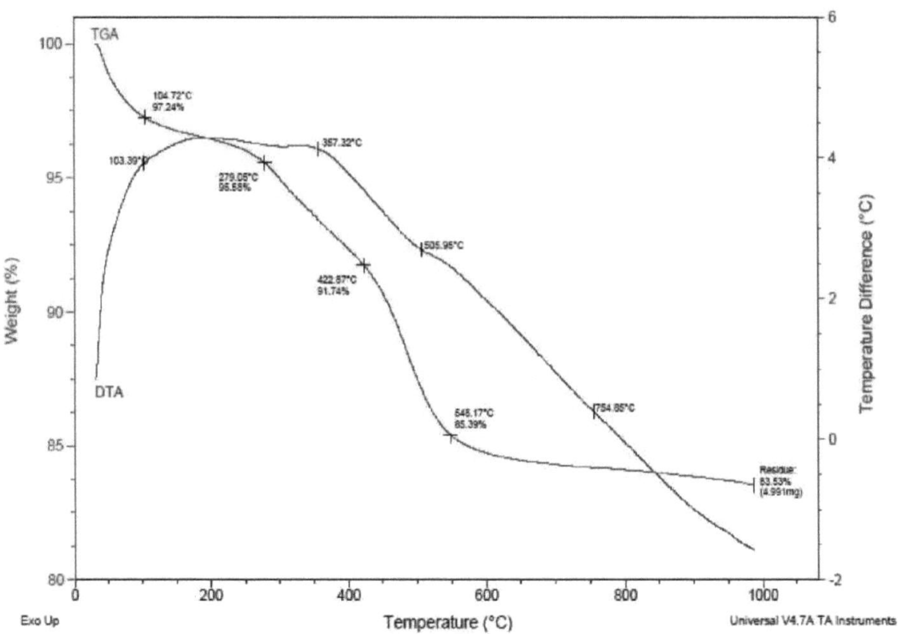

Fig.9 TGA/DTA de partículas de argila

3.4.5 Calorimetria Exploratória Diferencial (DSC):

A DSC foi utilizada para medir uma série de propriedades caraterísticas das pastas geopoliméricas. Utilizando esta técnica, é possível observar eventos exotérmicos e endotérmicos, bem como temperaturas de transição vítrea (Tg) [17]. O diagrama DSC para o solo vermelho e a argila é mostrado na Fig.10 & Fig.11 e esta figura indica que o termograma DSC do solo vermelho e da argila são suaves.

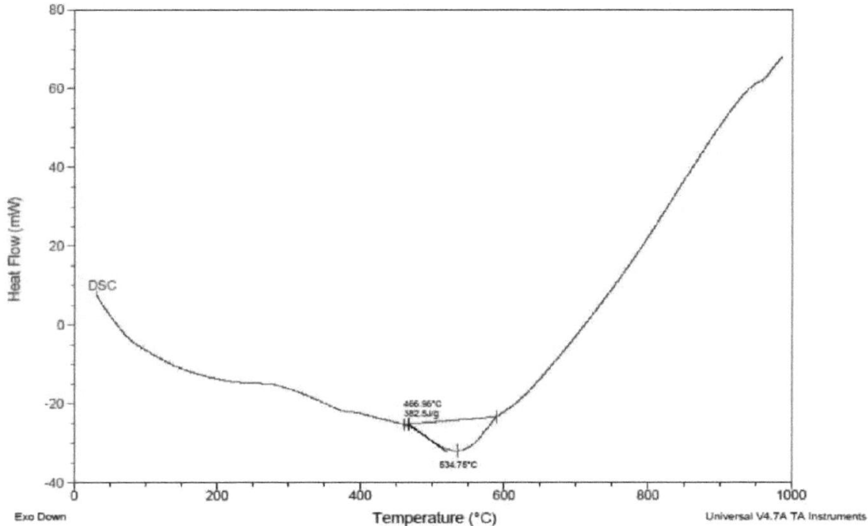

Fig.10 Termograma DSC para partículas de terra vermelha

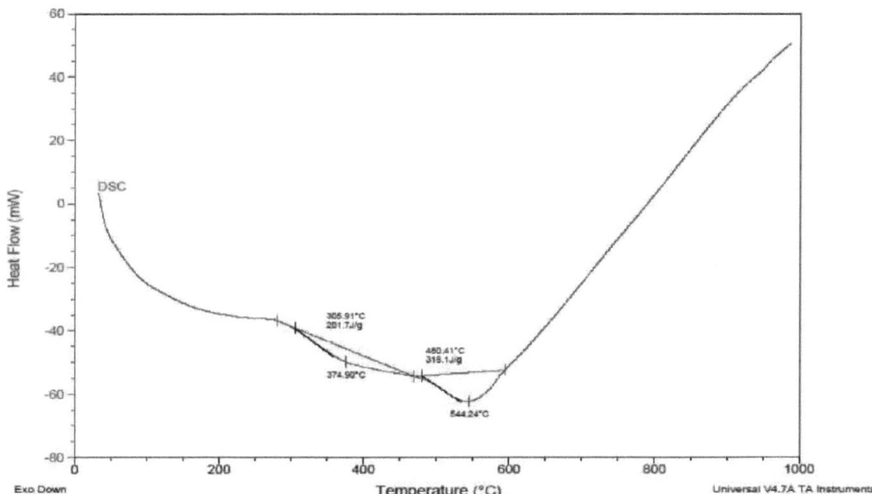

Fig.11 Termograma DSC para partículas de argila

3.5 Preparação da mistura e do espécime

O solo vermelho e a argila com uma mistura de activadores alcalinos, nomeadamente silicato de sódio e solução de hidróxido de sódio (NaOH) com um rácio ativador alcalino/solo diferente (0,2, 0,3 e 0,4) foram utilizados para preparar um geopolímero à base de solo vermelho com uma concentração diferente de hidróxido de sódio como 8M, 10M, 12M e 14M. O rácio solo/agregados finos foi mantido em 1:3. O total de água adicional foi de aproximadamente 6% do peso total da amostra. A adição de óxido de cálcio foi de aproximadamente 1% do peso da amostra. Foi utilizado um rácio de solução de silicato de sódio para solução de hidróxido de sódio, em massa, de 2,5. A solução de silicato de sódio e a solução de hidróxido de sódio foram misturadas pelo menos 24 horas antes da moldagem dos espécimes.

A argamassa de geopolímero fresca foi usada para moldar cubos de 50 mm x 50 mm x 50 mm para determinar a sua resistência à compressão, durabilidade química, estudo de temperatura elevada, velocidade de pulso ultrassónico, sorção, absorção de água e coeficiente de absorção de água. Cada espécime de cubo foi moldado em três camadas por compactação manual, bem como utilizando uma mesa vibratória. Cada camada recebeu 25-30 pancadas de compactação por vareta, seguidas de compactação adicional na mesa vibratória.

3.6 Cura dos provetes

Após a moldagem, os espécimes foram deixados a endurecer durante 24 horas nos moldes. Em seguida, os espécimes foram retirados dos moldes e curados pelo calor num forno a 60-70^0 C durante 24 horas. Depois disso, os espécimes foram curados à temperatura ambiente até atingirem os 7th e 28th dias de idade.

3.7 Testes efectuados

Foram efectuados os seguintes ensaios para investigar o desempenho da argamassa à base de terra vermelha.

3.7.1 Teste de compressão

3.7.2 Durabilidade química

3.7.3 Absorção de água e porosidade

3.7.4 Sorptividade

3.7.5 Coeficiente de absorção de água

(f) Estudo de temperatura elevada

(g) Velocidade do impulso ultrassónico

3.7.1 Resistência à compressão:

A resistência à compressão do betão é uma das propriedades mais importantes e úteis do betão. Na maioria das aplicações estruturais, o betão é utilizado principalmente para resistir a tensões de compressão. No entanto, a resistência dá geralmente uma imagem global da qualidade do betão, uma vez que está diretamente relacionada com a estrutura da pasta de cimento endurecida. Os valores obtidos dependerão do tamanho e da forma do provete, da dosagem, dos procedimentos de mistura e das condições de humidade durante a cura. Foram moldados provetes de cubos de argamassa de 50mmx50mmx50mm com uma percentagem e concentração diferentes de ligante. Após um período especificado, os espécimes são submetidos a um ensaio de compressão utilizando uma máquina de ensaios universal com capacidade de 100T a uma taxa de carga de

140kN/min.

3.7.2 Durabilidade química:

A durabilidade é a capacidade de durar muito tempo sem deterioração significativa. Um material durável ajuda o ambiente ao conservar os recursos e ao reduzir os resíduos e os impactos ambientais da reparação e substituição. Os resíduos de construção e demolição contribuem para os resíduos sólidos depositados em aterros. A produção de novos materiais de construção esgota os recursos naturais e pode produzir poluição do ar e da água. A vida útil projectada da maioria dos edifícios é frequentemente de 30 anos, embora os edifícios durem muitas vezes 50 a 100 anos ou mais [18]. A durabilidade da argamassa depende essencialmente das suas caraterísticas de permeabilidade. Os blocos impermeáveis podem resistir à entrada de iões agressivos nos blocos, reduzindo assim os danos que ocorrem devido à deterioração do betão ou dos blocos e à corrosão do aço no betão [19]. As argamassas geopoliméricas foram submetidas a um ensaio de resistência aos ácidos e sulfatos através da imersão dos provetes em 5% de HCl, 5% de H2SO4 e 5% de Na2SO4, durante um período de 28 dias, tendo sido calculada a perda de peso. A concentração de 5% é escolhida com base na agressividade quando comparada com a concentração de 10% [20].

Fig.12 Ensaio de compressão e absorção de água no laboratório de betão do CSIR-CECRI

3.7.3 Absorção de água e porosidade efectiva:

Este ensaio foi efectuado de acordo com o procedimento indicado na norma ASTM C 642-90, através do método de secagem em estufa, tendo sido moldados cubos de 50 mm x 50 mm x 50 mm. Após 48 horas de desmoldagem, os espécimes foram mantidos ao ar e submetidos a cura térmica. No final dos períodos de cura, os espécimes foram mantidos em atmosfera aberta para secagem da superfície. Em seguida, os espécimes foram secos numa estufa a uma temperatura de 100+5°C durante 48 horas e deixados a uma precisão de 1 gm utilizando uma balança padrão. Registar o peso dos espécimes secos como Wd.

Imergir os espécimes em água à temperatura ambiente (28°C) durante um mínimo de 48 horas. Em seguida, a humidade da superfície foi removida com uma toalha ou algodão e pesada. Este peso é designado por Ws. Depois disso, os espécimes foram imersos em água da torneira num recipiente e fervidos durante 5 horas a 60^0

C. Deixou-se arrefecer para perda natural de calor durante 14 horas e depois a humidade superficial foi removida e pesada novamente. Este valor é designado por Wb. O peso suspenso dos espécimes mantidos em água é considerado Wi. De seguida, os parâmetros seguintes foram calculados da seguinte forma:

% Absorção de água= (Ws-Wd)/Wd

Gravidade Esp. a granel (seco)=Wd/(Wb-Wi)

Gravidade aparente=Wd/ (Wd-Wi)

Vazios permeáveis (%) = (Wb-Wd)Z(Wb-Wi)

3.7.4 Sorptividade:

A sorptividade mede a taxa de penetração da água nos poros da argamassa por sucção capilar. Alguns materiais com uma estrutura de poros extremamente grosseira sofrem pouca sucção capilar e podem apresentar um desvio significativo da linearidade após humedecimento prolongado. A sucção capilar só pode ser medida em argamassa ou betão parcialmente secos. A sorção não ocorre em materiais saturados e, em materiais totalmente secos, a absorção substancial de água pelo gel distorcerá os resultados. A sorptividade dependerá do teor de água inicial e da sua uniformidade ao longo da amostra em ensaio. Por conseguinte, é importante ter isto em mente, tanto ao relacionar as medições laboratoriais com o comportamento no terreno, como ao assegurar um procedimento de secagem consistente e normalizado para todos os espécimes.

Para determinar a sorptividade dos provetes de argamassa, foram medidos os provetes secos em estufa devido à absorção de água. O ensaio foi efectuado segundo a norma ASTM C1585 [21]. A sorptividade da argamassa é dada por

$$S = Q/A\sqrt{t}$$

Onde

S - Sorptividade em kg/mm^2 / ^min

Q - Quantidade de água penetrada em kg

A - Superfície do provete através da qual a água penetrou t - Tempo de imersão (60 minutos)

3.7.5 Coeficiente de absorção de água:

O ensaio do coeficiente de absorção de água foi efectuado de acordo com a norma ASTM C642-97. Este é medido pela taxa de absorção de água ou absorção capilar de água pelo betão seco durante um período de 48 horas. Os quatro lados dos cubos (50mm X50mm X 50mm) dos espécimes foram selados com epóxi, exceto os lados superior e inferior, de modo a que a absorção de água seja unidirecional e a ação capilar ocorra apenas a partir dos lados inferiores. Inicialmente, o peso do espécime seco foi tomado e depois colocado num tabuleiro de plástico cheio de água até $1/3^{rd}$ da altura do espécime. Em seguida, a absorção de água foi medida em diferentes intervalos de tempo [22].

Este valor é calculado a partir da fórmula:

Coeficiente de absorção $Ka = (Q/A)^2 \times (1/t)$

Sendo Q = quantidade de água absorvida pelo provete seco na estufa em tempo

t = 48 horas (172800 segundos).

A = Superfície total da amostra de betão através da qual a água penetra.

Um valor mais baixo de Ka indica um maior grau de impermeabilidade do betão à penetração da água.

3.7.13 Estudo de temperatura elevada:

O objetivo deste estudo limitado foi fornecer uma visão geral dos efeitos da temperatura elevada no comportamento dos materiais de betão. Para atingir este objetivo, são resumidos os efeitos de temperaturas elevadas nas propriedades dos materiais constituintes do betão de cimento Portland normal e dos betões. Foram preparados provetes de geopolímero com diferentes concentrações para estudar a estabilidade térmica da argamassa de geopolímero, especialmente na resistência à compressão. Para este estudo foi utilizado um forno de mufla.

O presente trabalho relata o resultado de um programa experimental realizado para estudar o comportamento da argamassa de geopolímero a temperaturas elevadas com base no aspeto físico, na perda de peso e no ensaio de resistência à compressão residual. Foram moldados cubos de betão geopolimérico de 50*50*50 mm.
Os espécimes foram submetidos ao calor a temperaturas de 200°C e 400°C a uma taxa incremental de 20°C por minuto a partir da temperatura ambiente. A temperatura foi mantida durante 24 horas. Depois, os espécimes foram deixados arrefecer durante 24 horas à temperatura ambiente dentro do forno e testados quanto à sua resistência à compressão. A perda de peso do compósito de argamassa de geopolímero aumenta com o aumento das temperaturas máximas expostas devido à secagem acelerada.

3.7.14 Velocidade do impulso ultrassónico:

A UPV é um ensaio de avaliação não destrutiva reconhecido para avaliar qualitativamente a homogeneidade e a integridade do betão e da argamassa. As técnicas de ensaio não destrutivo do betão, que permitem avaliar as propriedades dos materiais sem danos, têm vindo a ser desenvolvidas à medida que a deterioração das estruturas existentes aumenta. Entre elas, o método da velocidade de impulso ultrassónico (USPV) é amplamente utilizado porque pode investigar os estados de um material durante um longo período de tempo e repetidamente. No entanto, existem poucos estudos sobre a aplicação de END à argamassa de betão geopolimérico, que é um material de construção amigo do ambiente, sem qualquer cimento.

Este ensaio consiste essencialmente na medição do tempo de percurso, T, de um impulso ultrassónico de 50 a 54 kHz, produzido por um transdutor electro-acústico, mantido em contacto com uma superfície do elemento de betão em ensaio e recebido por um transdutor semelhante em contacto com a superfície na outra extremidade. Com o comprimento do trajeto L, (isto é, a distância entre as duas sondas) e o tempo de percurso T, calcula-se a velocidade do impulso (V=L/T) [23].

CAPÍTULO 4

RESULTADOS E DISCUSSÃO

4.1 Geral

Este capítulo apresenta os resultados obtidos em vários testes e uma breve discussão sobre a razão desses valores. Contém também as conclusões e outros estudos a efetuar.

Os provetes de geopolímero de ensaio foram feitos com terra vermelha, argila e ligante. Os pormenores destas misturas, o processo de fabrico e os pormenores do ensaio são apresentados no Capítulo 3. Cada resultado de ensaio apresentado nas Figuras ou nas Tabelas é o valor médio dos resultados obtidos a partir de, pelo menos, três provetes.

4.2 Resistência à compressão

Os resultados da resistência à compressão aos 7 e 28 dias são obtidos para cubos de argamassa e são apresentados nas Fig.13 e Fig.14. A partir da tabela, verifica-se que a resistência à compressão aumenta com o aumento do período de cura, bem como com o aumento do rácio líquido alcalino/solo vermelho.

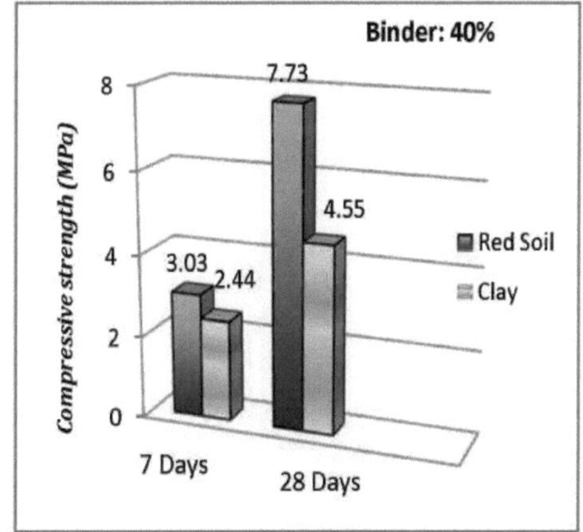

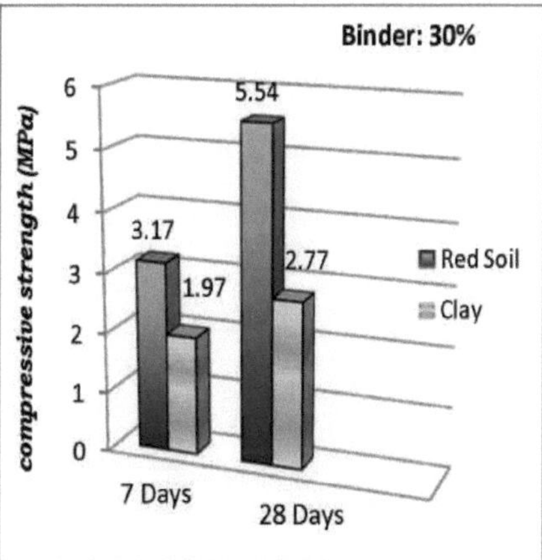

Fig.13 Valor da resistência à compressão para solo vermelho e argamassa de argila (14M)

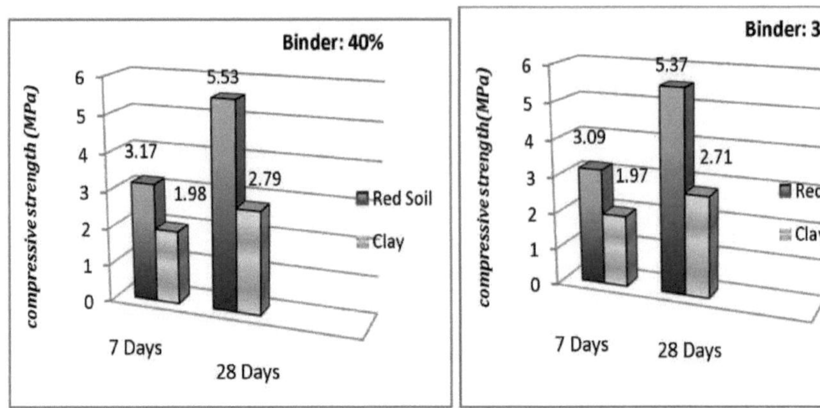

Fig.14 Valor da resistência à compressão para solo vermelho e argamassa de argila (12M)

4.3 Durabilidade química

A exposição do geopolímero de solo vermelho à solução ácida mostra que a perda de peso devida à exposição é de apenas 0,8% quando imerso em ácido sulfúrico a 5% e de 0,9% quando imerso em solução de ácido clorídrico a 5%. Além disso, a exposição em solução de sulfato mostrou uma perda de peso de 0,6% quando imersa em solução de sulfato de sódio a 5%. O gráfico de barras que mostra a redução da resistência à compressão para 40% de ligante com diferentes concentrações quando exposto em solução de ácido e sulfato por um período de 28 dias é apresentado na Fig. 15.

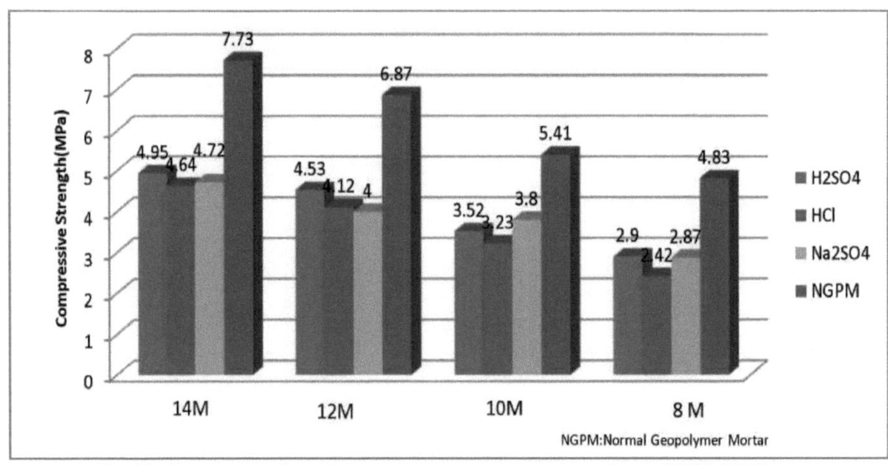

Fig. 15: Comparação da resistência à compressão após imersão em H2SO4, HCl e Na2SO4

4.4 Absorção de água e porosidade efectiva (ASTM C642-90)

Os resultados relativos à absorção de água, à gravidade específica e aos vazios permeáveis são apresentados nos quadros 6, 7 e 8. A partir destes resultados, verificou-se que o desempenho é melhor quando o rácio entre o líquido alcalino e o solo vermelho é de 0,4

Tabela 6: Quando o rácio líquido alcalino/solo vermelho=0,2

Name of the Test	8M	10M	12M	14M
Absorption of water (%)	11.9	9.7	10.9	11.7
Bulk sp. Gravity (dry)	1.7	1.8	1.62	1.80
Apparent sp. gravity	2.28	2.29	2.0	2.44
Permeable voids (%)	25.43	21.39	19.0	26.23

Tabela 7: Quando o rácio líquido alcalino/solo vermelho=0,3

Name of the Test	8M	10M	12M	14M
Absorption of water (%)	8.5	7.68	8.68	7.1
Bulk sp. Gravity (dry)	1.58	1.54	1.55	1.56
Apparent sp. gravity	1.92	1.82	1.86	1.87
Permeable voids (%)	17.7	15.38	16.67	16.60

Tabela 8: Quando o rácio líquido alcalino/solo vermelho=0,4

Name of the Test	8M	10M	12M	14M
Absorption of water (%)	8.34	8.14	7.98	8.0
Bulk sp. Gravity (dry)	2.01	2.0	2.02	2.02
Apparent sp. gravity	2.43	2.55	2.55	2.57
Permeable voids (%)	21.4	20.14	19.34	21.4

4.5 Sorptividade

Os resultados do teste de sorptividade são apresentados na Tabela 9. A sorptividade dos espécimes curados com água foi medida após 28 dias de cura. Os resultados mostraram que a redução da sorptividade foi proporcional ao aumento da concentração do nível, bem como à relação entre o líquido alcalino e o solo vermelho.

Tabela 9: Valor de Sorptividade para argamassa de Geopolímero à base de solo vermelho.

Alkaline liquid to red soil ratio	Concentration	Sorptivity (kg/mm^2/√min)
0.3	8M	1.24 x10^{-6}
	10M	1.03 x10^{-6}
	12M	1.20 x10^{-6}
	14M	1.06 x10^{-6}
0.4	8M	1.14 x10^{-6}
	10M	1.04 x10^{-6}
	12M	1.17 x10^{-6}
	14M	1.10 x10^{-6}

4.6 Coeficiente de absorção de água

O valor médio do coeficiente de absorção de água para o solo vermelho é apresentado na Tabela 10. A partir desta tabela, observou-se que os valores do coeficiente de absorção de água estão a diminuir com o aumento da molaridade.

Quadro 10: Coeficiente de absorção para o solo vermelho

Alkaline liquid to red soil ratio	Concentration	Water Permeability (m^2/s)
0.2	8M	2.61 $x10^{-8}$
	10M	2.11 $x10^{-8}$
	12M	1.65 $x10^{-8}$
	14M	1.88 $x10^{-8}$
0.3	8M	2.6 $x10^{-8}$
	10M	1.79 $x10^{-8}$
	12M	2.41 $x10^{-8}$
	14M	1.88 $x10^{-8}$
0.4	8M	2.51 $x10^{-8}$
	10M	1.98 $x10^{-8}$
	12M	1.90 $x10^{-8}$
	14M	2.03 $x10^{-8}$

4.7 Estudo da temperatura elevada

Foram efectuados estudos de temperatura elevada a 200°C e 400°C para todos os sistemas e representados na Fig. 16. A partir dos estudos, verificou-se que a resistência à compressão diminui com o aumento das temperaturas para todos os tipos de argamassa. Mas, entre todos, a argamassa de geopolímero 14M e 40% de solo vermelho mostrou uma redução de resistência muito menor em comparação com as outras.

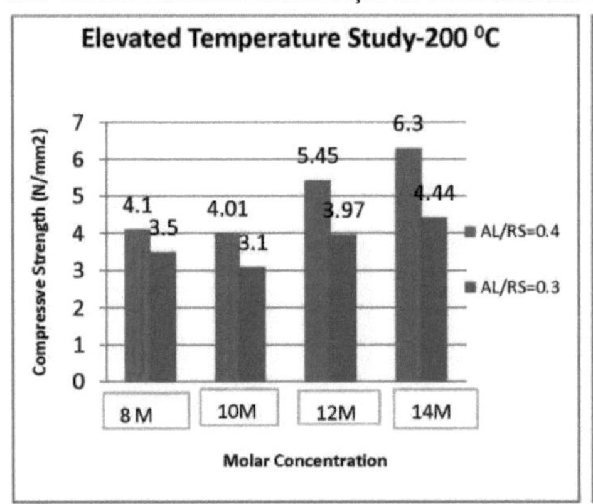

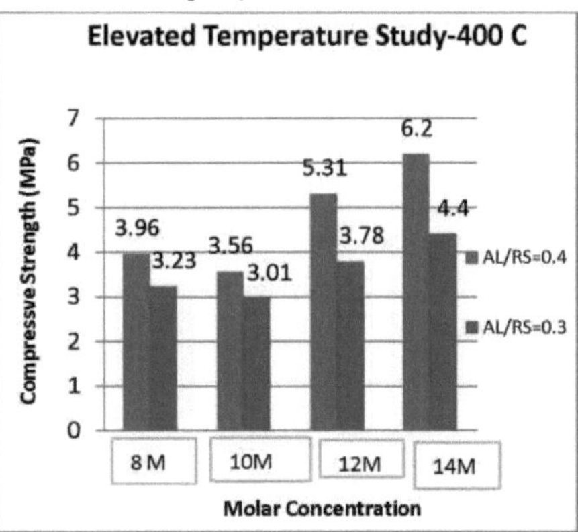

Fig. 16. Resistência à compressão para 200^0 C & 400 C^0

4.8 Velocidade de impulso ultrassónico (UPV)

A Fig.17 mostra a comparação da velocidade de impulso ultrassónico para a argamassa de geopolímero de solo vermelho com diferentes concentrações e percentagens de ligante durante 28 dias.

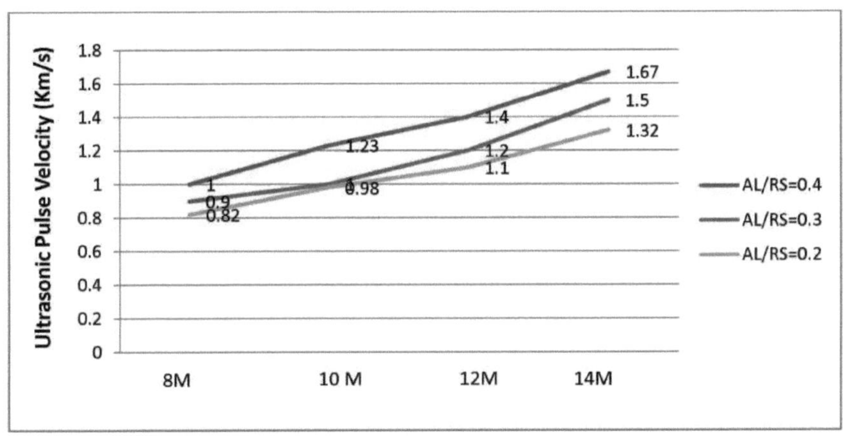

Fig.17.Velocidade de impulso ultrassónico para argamassa de solo vermelho

4.9 Aplicações potenciais e oportunidades para pré-fabricados

Os geopolímeros são um material inorgânico que pode ser sintetizado a partir de uma vasta gama de aluminossilicatos, tais como metacaulino, cinzas volantes, escórias de fornos e até resíduos de minas. Em comparação com as resinas de polímeros orgânicos, os geopolímeros são mais duráveis, resistentes ao fogo e ao calor, resistentes aos raios ultravioleta (UV) e resistentes à humidade e à chuva (Jian He, 2012). Este estudo de viabilidade investigou alguns aspectos importantes dos geopolímeros à base de argila e solo vermelho para serem utilizados como materiais mais ecológicos. Para uma engenharia sustentável, é possível desenvolver vários blocos de alvenaria utilizando materiais de argila e solo vermelho disponíveis localmente sem a utilização de cimento convencional e de insumos térmicos. Estudos anteriores mostraram que a energia incorporada necessária para fabricar tijolos à base de solo é 5 a 15 vezes inferior à dos tijolos cozidos. E a emissão de poluentes será também 2,4 a 7,8 vezes inferior à dos tijolos cozidos [25]. Além disso, em comparação com os tijolos convencionais, o tijolo de geopolímero tem menos rupturas, melhor forma, utilização de material local, poupança de combustível e também ajuda a melhorar o ambiente. A resistência dos tijolos de geopolímero é tão elevada como 5-8 MPa. A absorção de água é inferior a 12%.

Tabela 11: Propriedades dos tijolos convencionais [26]

Particulars	**Conventional red bricks**
Strength	2-4 MPa
Shape & size	Non uniform & irregular
Water absorption	18-25%
Average Density	1800-2000 kg/m^3

Por conseguinte, as aplicações destes materiais são a melhor alternativa no futuro, modificando a qualidade do solo, a relação ligante/agregado, a molaridade da solução activadora, o tipo de agregado fino, o tipo de material de construção, etc. Foram feitos esforços no Central Building Research Institute, CBRI, Índia [27] para produzir tijolos de argila queimada como materiais de construção cozidos, substituindo parcialmente a argila por terra vermelha (da Indian Aluminium Company), cal e cinzas volantes. Também foram feitos esforços no CBRI para incorporar uma pequena percentagem de cal no solo vermelho e comprimir a mistura com um teor de humidade ótimo sob a forma de tijolos, com o objetivo de examinar a sua resistência e estabilidade à ação erosiva da água. Foi obtida uma resistência máxima à compressão húmida de 3,75 MPa com 5% de cal e de 4,22 MPa com 8% de cal após 28 dias de moldagem e cura húmida destes tijolos no mês de agosto[28].

Além disso, foi estudada a utilização potencial do solo vermelho para a síntese de materiais poliméricos inorgânicos através de um processo de geopolimerização para o utilizar no sector da construção como elementos estruturais artificiais, tais como tijolos maciços [17].Este solo foi reagido com cinzas volantes e silicato de sódio através de uma reação de geopolimerização para obter geopolímero, que é um material cimentício viável que pode ser utilizado na construção de estradas [29]. Como material aditivo, pode ser utilizado para produzir cimentos, argamassas e betões, construção de diques, material de estabilização e produtos cerâmicos/refractários. [30].

Gourley e Johnson [31] relataram os pormenores de produtos de betão pré-fabricados com geopolímeros à escala comercial. Os produtos incluíam tubos de esgoto, travessas de caminho de ferro e painéis de parede. Foram fabricados tubos de esgoto de betão geopolimérico reforçado com diâmetros entre 375 mm e 1800 mm, utilizando as instalações atualmente disponíveis para fabricar tubos semelhantes utilizando betão de cimento Portland. Testes realizados num ambiente simulado de esgotos agressivos mostraram que os tubos de esgoto de betão geopolimérico superaram em muitas vezes o desempenho de tubos comparáveis de betão de cimento Portland. Gourley e Johnson [31] também relataram o bom desempenho de travessas de comboio de betão geopolimérico reforçado em vias principais e a excelente resistência ao fogo de painéis de parede de argamassa de geopolímero

Siddiqui [32] e Cheema et al [33] demonstraram o fabrico de bueiros de betão com geopolímero reforçado à escala comercial. Os ensaios mostraram que as caixas de visita tinham um bom desempenho e cumpriam os requisitos das especificações deste tipo de produtos. Neste estudo, foram fabricadas caixas de betão armado com geopolímero de 1200 mm (comprimento) x600 mm (profundidade) x1200 mm (largura) e cilindros de 100 mmx200 mm numa fábrica comercial de betão pré-fabricado situada em Perth, Austrália Ocidental. Os materiais secos foram misturados durante cerca de 3 minutos. O componente líquido da mistura foi então adicionado, e a mistura continuou durante mais 4 minutos. O betão de geopolímero foi transferido para um kibble, a partir do qual foi depois lançado nos moldes para bueiros (um molde para dois bueiros em caixa) e nos moldes para cilindros. Os bueiros foram compactados numa mesa vibratória e com um vibrador manual. Os cilindros foram moldados em 2 camadas e cada camada foi compactada numa mesa vibratória durante 15 segundos. O abatimento de cada lote de betão fresco foi também medido, a fim de observar a consistência das misturas.

4.10 Utilização de recursos e sustentabilidade:

No que diz respeito à utilização de recursos de terra vermelha e argila, as empresas de alumina têm vindo a realizar muitas investigações técnicas sobre a produção de materiais de construção, especialmente a produção de cimento e a produção de vidro, a produção de material de enchimento para plástico e a produção de base para estradas. E fizeram alguns progressos, especialmente na produção de cimento utilizando lama vermelha e argila.

4.10.1. Produção de materiais de construção a partir de solo vermelho e argila:

Cimento

O silicato dicálcico na lama vermelha é também uma das principais fases do clínquer de cimento, e a lama vermelha pode desempenhar o papel de cristalização na produção de clínquer de cimento. As cinzas volantes são compostas principalmente por SiO_2 e Al_2O_3, pelo que podem ser utilizadas para absorver a água contida na lama vermelha e melhorar o teor de sílica reactiva do cimento. Os cientistas efectuaram uma série de estudos sobre a produção de cimento utilizando lama vermelha, cinzas volantes, cal e gesso como matérias-primas. A utilização de cimento de lama vermelha não só reduz o consumo de energia na produção de cimento, como também melhora a resistência inicial do cimento e a resistência ao ataque de sulfatos [34].

Ekrem Kalkan [35] estudou a utilização de lama vermelha como estabilizador de cimento. Em 1980, Barsherike [36] estudou a possibilidade e a racionalidade da produção de cimento com lama vermelha como matéria-prima componente do cimento Portland, e preparou com sucesso cimento em conformidade com as normas relevantes.

Vangelatos [37] estudou a preparação de cimento Portland comum a partir de lama vermelha, cal e pedra calcária, e a resistência à compressão de 28 dias do cimento pode atingir 63MPa.

Tijolo

Como alternativa às matérias-primas tradicionais utilizadas na produção de tijolos, a utilização de argila e lama vermelha pode não só reduzir o custo das matérias-primas, mas também ter um grande significado ambiental. Xing [38], Yang [39], Zhang [40], Nevin [41] **et al.** relataram separadamente a produção de tijolos não cozidos a vapor e não queimados, tijolos de cinzas volantes, tijolos decorativos de pellets pretos e azulejos de cerâmica. Por exemplo, o tijolo não cozido a vapor e não queimado é desenvolvido utilizando resíduos industriais como matérias-primas, adicionando cimento e cal como aglutinante e através da tecnologia de prensagem e cura natural. O Instituto da Companhia de Alumínio de Shandong e o Instituto da Companhia Chinesa de Alumínio da Grande Muralha conseguiram, separadamente, o processo de produção de tijolos não cozidos a vapor e não queimados utilizando lama vermelha e cinzas volantes como matérias-primas. Os componentes activos, SiO2 e CaO, que representam, respetivamente, 70% na lama vermelha do processo de sinterização e 80% nas cinzas volantes, são, do ponto de vista do custo e do desempenho, as matérias-primas ideais para a produção de tijolos não curados a vapor e não queimados.

Vidro

Yang **et al.** [42] realizaram uma experiência com vidro de lama vermelha e cinza volante, em que o teor máximo de lama vermelha e cinza volante é coletivamente superior a 90%. Obtiveram o processo ótimo de tratamento térmico através da investigação da cristalização e dos factores que influenciam a nucleação e o crescimento dos cristais. Com lama vermelha e escória de crómio como materiais principais, e areia de quartzo, fluorite, toner, escória de manganês e outras substâncias como materiais auxiliares, Liang **et al.** [43] produziram com sucesso materiais decorativos de vidro preto, que têm boa resistência mecânica, estabilidade química e propriedades ópticas.

Bloco de betão celular

O betão celular é um novo material de construção poroso e leve que apresenta excelentes desempenhos, como o isolamento térmico, a resistência ao fogo e a resistência sísmica, e é fabricado a partir de materiais calcários e siliciosos. O betão celular de lama vermelha, desenvolvido utilizando cimento (15%), cal (12%-15%), lama vermelha (35%-40%) e areia de sílica (33%-35%), tem a resistência à compressão e a densidade aparente, cumprindo o nível de intensidade mais baixo (MU7.5) das normas chinesas - aproximadamente a resistência do bloco de betão [44]. No entanto, o seu processo de produção é basicamente o mesmo que o utilizado para produzir outro betão celular. Assim, este processo pode reduzir os custos da produção de betão celular, tirando partido do vermelho.

Material da base da estrada

O material de base rodoviária de alta qualidade que utiliza lama vermelha e solo argiloso do processo de sinterização é prometedor, o que pode levar a um consumo em grande escala de lama vermelha. Qi [45] sugere a utilização destes materiais como material rodoviário. Com base no trabalho de Qi, foi construída em Zibo, na província de Shandong, uma autoestrada com 15 m de largura e 4 km de comprimento, utilizando lama vermelha como material de base. Um departamento competente testou a estabilidade do subsolo e a resistência da estrada, tendo concluído que a estrada de base de lama vermelha satisfaz as normas de nível I do solo estabilizado com resíduos industriais de cal e cumpre os requisitos de resistência da autoestrada [46].

Bloco de Terra Comprimida (CEB)

O solo, em bruto ou estabilizado, para um bloco de terra comprimido (CEB) é ligeiramente humedecido, vertido numa prensa de aço (com ou sem estabilizador) e depois comprimido com uma prensa manual ou motorizada. O CEB pode ser comprimido em muitas formas e tamanhos diferentes. A introdução da estabilização do solo permitiu que as pessoas construíssem mais alto com paredes mais finas, que têm uma força de compressão e uma resistência à água muito melhores. Com a estabilização do cimento, os blocos devem ser curados durante quatro semanas após o fabrico. Depois disso, podem secar livremente e ser utilizados como tijolos comuns com uma argamassa estabilizada com cimento do solo. Desde os primórdios, os blocos de terra comprimida são, na maioria das vezes, estabilizados. Por isso, hoje preferimos chamá-los de Blocos de Terra Estabilizada Comprimida (CSEB). Outro aspeto importante é o consumo de energia envolvido no material. A produção de materiais à base de terra consome muito menos energia e polui muito menos do que os tijolos cozidos. O CSEB e a terra batida estabilizada são muito mais amigos do ambiente [47].

Apresentam estas vantagens em relação aos tijolos cozidos [47]:

Pollution emission (Kg of CO_2 /m²)	**Energy consumption (MJ)**
2.4 times less than wire cut bricks	4.9 times less than wire cut bricks
7.9 times less than country fired bricks	15.1 times less than country fired bricks

Quadro 12: Comparação ecológica dos materiais de construção

Product and Thickness (cm)	**No of Units (Per m²)**	**Energy Consumption (MJ per m²)**	**CO_2 Emission (Kg per m²)**	**Dry Compressive Crushing Strength (Kg/cm²)**
CSEB – 24 cm	40	110	16	40-60
Wire Cut Bricks – 22 cm	87	539	39	75-100
Country Fired bricks – 22 cm	112	1657	126	30-50
Concrete blocks – 20 cm	20	235	26	75-100

Nota: Os tijolos cortados a arame são também designados por tijolos cozidos em forno. (Fonte: Development Alternatives - 1998)

Os CSEB são, na maioria das vezes, mais baratos do que os tijolos cozidos. Isto varia de lugar para lugar e especialmente em função do custo do cimento. A repartição dos custos de um bloco estabilizado a 5 % depende do contexto local. Para um equipamento manual com uma prensa AURAM 3000[47], o custo estaria dentro destes valores:

CAPÍTULO 5

CONCLUSÃO E TRABALHOS FUTUROS

5.1 Conclusão

Do inquérito acima efectuado, foram retiradas as seguintes conclusões

- Em comparação com a argamassa de cimento Portland comum, as argamassas à base de solo vermelho e argila apresentaram um desempenho inferior, mas no futuro são materiais potenciais para substituir a utilização de OPC no desenvolvimento de infra-estruturas.

- Ao alterar ou modificar os vários parâmetros, é possível melhorar o desempenho destes materiais, o que desempenha um papel importante na construção ecológica. Para além disso, entre os dois materiais, a argamassa de geopolímero à base de solo vermelho mostrou um melhor desempenho do que a argamassa à base de argila. Assim, este é um dos potenciais materiais verdes para a construção sustentável no futuro.

- Como materiais energeticamente eficientes, estas argamassas de geopolímero não têm cimento Portland, pelo que podem ser consideradas menos intensivas em termos energéticos, uma vez que o cimento Portland é um material altamente intensivo em termos energéticos, apenas a seguir ao aço e ao alumínio.

- Além disso, estas argamassas de geopolímero utilizam os materiais disponíveis localmente para produzir o material de ligação na argamassa, pelo que podem ser consideradas como um material sustentável para uma construção ecológica. Este relatório poderá ser útil como orientação e como referência para a organização relacionada e para a investigação futura sobre argamassas à base de argila e de solo vermelho.

- Em termos de resistência, é possível utilizar todos os fluxos de resíduos no fabrico de blocos geopoliméricos ou telhas. No entanto, as misturas utilizadas não são necessariamente adequadas para esses produtos e devem ser optimizadas. A durabilidade deve ser testada para quaisquer produtos finais optimizados (são necessárias dimensões para as telhas).

5.2 Trabalhos futuros

Os produtos fabricados com ligantes bem formulados e utilizando uma relação óptima de ligante/agregado mostrarão não só uma elevada resistência, mas também boas propriedades gerais. Isto significa que a água adicional adicionada quando se substitui o agregado primário por formas residuais irá muito provavelmente afetar negativamente as outras propriedades mecânicas (resistência à flexão, absorção de água, carbonatação). No entanto, isto não é uma barreira para a implementação de blocos e telhas que têm baixos requisitos de resistência mecânica, permitindo a otimização do rácio ligante/agregado para um impacto ambiental mais favorável

O trabalho futuro deve centrar-se nos seguintes aspectos:

- Encontrar um super plastificante de sucesso. O stent, a areia e o MW dariam resistências muito mais elevadas quando utilizados em argamassa e betão activados por álcalis se fosse adicionada menos água.

- Otimização da mistura de betão. Isto inclui decisões sobre a granulometria máxima necessária para as aplicações visadas, a otimização da distribuição granulométrica do agregado total, incluindo os factores de volume ou de volume para as diferentes formas de resíduos, o ajustamento das quantidades de material em 1m3 para a utilização de água extra e a decisão sobre as condições óptimas de fabrico (pressão aplicada, dimensões do ensaio).

- Quando se chega a uma conceção optimizada da mistura final de betão, devem ser abordadas as questões de durabilidade. Para blocos: A absorção de água por capilaridade e a resistência ao gelo-degelo devem ser testadas. O movimento da humidade também tem de ser declarado para o produto. Para telhas: resistência ao gelo-degelo e impermeabilidade à água. Espera-se que um projeto de mistura adequado seja capaz de produzir produtos que satisfaçam as propriedades de durabilidade exigidas.

- O custo e as questões mais amplas (como os factores socioeconómicos) devem ser investigados, uma vez que contribuirão para o êxito da construção ecológica.

CAPÍTULO 6

Referências:

[1] C.D. Budh e N.R. Warhade "Effect of Molarity on Compressive Strength of Geopolymer Mortar" ISSN 2278-3652 Volume 5, Número 1 (2014), pp. 83-86.

[2] Shankar H. at el 2012 "Performance of geopolymer concrete under severe environmental conditions".

[3] S. E. Wallah e B. V. Rangan-"CONCRETO DE GEOPOLÍMEROS À BASE DE CINZA VOADO COM BAIXO CÁLCIO: PROPRIEDADES A LONGO PRAZO".

[4] A. Mohd Mustafa Al- Bakari, Omar. A. K.A.Abdul Kareem e San Myint "Otimização da relação ativador alcalino/cinzas volantes na resistência à compressão do geopolímero à base de cinzas volantes"

[5] D.V. Reddy, J-B Edouard, K. Sobhan, A. Tipnis "Avaliação experimental da durabilidade do betão geopolimérico à base de cinzas volantes em ambiente marinho" LACCEI'2011

[6] Erez Allouche "High Durability "Green" Inorganic Polymer Binders for Sustainable Construction" (Ligantes de polímeros inorgânicos "verdes" de elevada durabilidade para a construção sustentável).

[7] Design Missão Azul: "Produtos de construção em barro e terra".

[8] Guggenheim & Martin 1995, pp. 255-256.

[9] http://www.icar.org.in/ acedido em 2nd fevereiro,2015.

[10] N.A. Madlool, R. Saidur, M.S. Hossain, N.A. Rahim "A critical review on energy use and savings in the cement industries" 2012.

[11] Peter Duxson, John L. Provis , Grant C. Lukey , Seth W. Mallicoat , Waltraud M. Kriven , Jannie S.J. van Deventer "Compreender a relação entre o geopolímero

composição, microestrutura e propriedades mecânicas, Colloids and Surfaces A: Physicochem. Eng. Aspects 269 (2005) 47-58.

[12] Djwantoro Hardjito "Estudos sobre o betão geopolimérico à base de cinzas volantes" novembro de 2005

[13] N A Lloyd e B V Rangan, "GEOPOLYMER CONCRETE: A REVIEW OF DEVELOPMENT ANDDOPPORTUNITIES" 35thConference on OUR WORLD IN CONCRETE & STRUCTURES: 25 -27 de agosto de 2010, Singapura Artigo Online Id: 100035037

[14] Argamassa de geopolímero modificada", maio de 2012. Por-Tamilvanan. K

[15] Durabilidade do betão de geopolímero "2005, por-S.Steefna shiny.

[16] Yudthana Leelathawornsuk: O papel da concentração de hidróxido de sódio no geopolímero à base de cinzas volantes, 2009.

[17] A.M. MustafaAl Bakri, H. Kamarudin, M. Bnhussain, I. Khairul Nizar, A. R.Rafiza e Y. Zarina "O Processamento, Caracterização e Propriedades do Geopolímero Concreto à base de Cinzas Volantes" Rev.Adv.Mater. Sci. 30 (2012) 90-97

[18] https://theconstructor.org/concrete/durability-of-concrete/1115/, acedido em 14th março, 2015.

[19] Beatrix Kerkhoff: Effects of Substances on Concrete and Guide to Protective Treatments - Concrete Technology.

[20] Yun Yong Kim Byung-Jae Lee Velu Saraswathy e Seung-Jun Kwon "Desempenho de resistência e durabilidade da argamassa geopolimérica de cinza de casca de arroz activada com álcalis" Publicado online em 2014 Nov 23. doi: 10.1155/2014/209584

[21] http://shodhganga.inflibnet.ac.in acedido em 27th março, 2015

[22]V. Saraswathy e Ha-Won Song "Corrosion performance of rice husk ash blended concrete" Construction and Building Materials 21 (2007) 1779-1784.

[23] http://theconstructor.org/buildings/ acedido em 27th março, 2015.

[24] J. A. PETER, M. NEELAMEGAM, J.K. DATTATREYA, N.P.RAJAMANE e S. GOPALAKRISHNAN, "Utilisation of flyash as cement replacement material to produce high performance concrete" 1999, NML, Jatnshedperr, pp. 38-49

[25] http://www.earth-auroville.com/ acedido em 27th março, 2015

[26] http://www.ampri.res.in/ acedido em 7th abril, 2015

[27] Dass A, Malhotra SK (1990).Tijolos de barro vermelho estabilizados com cal. Materiais e Estruturas 23: 252-255.

[28] Peter N (1997).IDRC Reports.Making Bricks with red mud in Jamaica, No. 21(2). Centro Internacional de Investigação para o Desenvolvimento, Ottawa, Canadá.

[29]Dimas DD, Ioanna P, Panias D (2009).Utilização de lama vermelha de alumina para a síntese de materiais poliméricos inorgânicos. Mineral processing and Extractive Metallurgy Review 30 (3): 211239.

[30] Zhang G, He J, Gambrell RP (2010). Síntese, caraterização e propriedades mecânicas de geopolímeros à base de lama vermelha. Registo de Investigação em Transportes: Journal of the Transportation Research Board 2167: 1-9.

[31]Gourley, J.T. and Johnson, G.B. 2005 "Developments in Geopolymer Precast Concrete", Proceedings of the International Workshop on Geopolymers and Geopolymer Concrete, Perth, Australia.

[32]Siddiqui KS 2007, Strength and durability of low -calcium fly-ash based geopolymer concrete, Final year Honours dissertation, The University of Western Australia, Perth.

[33] Cheema, D.S., Lloyd, N.A., Rangan, B.V. 2009 "Durability of Geopolymer Concrete Box Culverts- A Green Alternative", Actas da 34ª Conferência sobre Our World in Concrete and Structures, Singapura.

[34] Qiu, X.R.; Qi, Y.Y. Reasonable utilization of red mud in the cement industry (em chinês). *Cem. Technol.* **2011**, 6, 103-105.

[35]Kalkan, E.Utilization of red mud as a stabilization material for the preparation of clay liners. *Eng. Geol.* **2006**, *87*, 220-229.

[36] Barsherike, A.A. In *New Cement* (em chinês); Qian, Y.Y., Ed.; China Building Industry Press: Beijing, China, 1983.

[37]Vangelatos, I.;Angelopoulos, G.N.; Boufounos, D. Utilization of ferroalumina as raw material in the production of Ordinary Portland Cement. *J. Hazard. Mater.* **2009**, *168*, 473-478.

[38] Xing, G.; Jiao, Z.Z. O desenvolvimento de tijolos não-autoclavados feitos de lama vermelha e cinzas volantes. *Rare Metals Cemented Carbides* **1993**, *6*, 154-163.

[39] . Yang, A.P. The development of brick made of red mud and fly ash. *Light Metals* **1996**, *12*, 17-18.

[40] Zhang, P.X. Lama vermelha para fabrico de materiais granulares pretos para azulejos (em chinês). *Multipurp. Util. Miner. Resour.* **2000**, *3*, 41-43.

[41] Nevin, Y.; Vahdettin, S. Utilization of bauxite waste in ceramic glazes. *Ceram. Int.* **2000**, *26*, 485-493.

[42]Yang, J.K.; Zhang, D.D.; Xiao, B.; Wang, X.P. Study on glass-ceramics mostly made from red mud and fly ash (em chinês). *Glass Enamel* **2004**, *32*, 9-11.

[43]Liang, Z.Y. The research on black glass decorative materials made from red mud. Ambiente. *Proteger. Chem. Ind.* **1998**, 18, 50-51.

[44] Wu, B.; Zhang, D.C.; Zhang, Z.Z. The study of producing aerated-concrete blocks from red- mud (em chinês). *China Resour. Compr. Util.* **2005**, 6, 29-31.

[45] Qi, J.Z. *Experimental Research on Road Materials of Red Mud*; Universidade de Ciência e Tecnologia de Huazhong: Wuhan, China, 2005.

[46] Yang, J.K.; Chen, F.; Xiao, B. Aplicação de engenharia de materiais de nível básico de pavimento de alto nível de lama vermelha (em chinês). *China Munic. Eng.* **2006**, 5, 7-9.

[47]http://www.earth-auroville.com/compressed bloco de terra estabilizado en.php.Acedido em 23 de abril, 2015

APÊNDICE: RESUMO DE PUBLICAÇÃO-I

Estudo comparativo de argamassa geopolimérica à base de argila e solo vermelho

M.N.Uddin[1] e V.Saraswathy[2]

[1] Estudante de M.Tech, Centro de Tecnologia de Energia Verde, Universidade de Pondicherry, Puducherry-605014, Índia
Correio eletrónico: nymebd@gmail. com

[2]Cientista Principal Sénior, Divisão de Proteção contra a Corrosão e Materiais, CSIR-Central Electrochemical Research Institute, Karaikudi, Tamil Nadu-630 006, Índia
Correio eletrónico: corrsaras@gmail. com

Resumo:

A argamassa de geopolímero é uma argamassa sem cimento que está a ganhar popularidade a nível mundial, tendo em vista o desenvolvimento sustentável. Pode ser produzida a partir de aditivos minerais, como cinzas volantes, argila e terra vermelha, com reagentes alcalinos de fácil utilização. A produção de cimento Portland normal (OPC) requer uma grande quantidade de energia, bem como a pegada de carbono. Está demonstrado que o OPC emite anualmente cerca de 5% das emissões globais de CO_2, o que equivale a quase mais de ^ tonelada de emissões de CO_2 por cada tonelada de produção de OPC. Por isso, é extremamente necessário reduzir o CO_2 global, o que encorajou os investigadores a procurar materiais de construção sustentáveis alternativos disponíveis na localidade com menos energia incorporada e emissões de dióxido de carbono. A argila e o solo vermelho são a melhor seleção para isso e ambos são utilizáveis como materiais de construção ecológicos também disponíveis na localidade. Assim, foi feita uma tentativa de explorar a possibilidade de utilizar argila e solo vermelho com base em

argamassa na indústria da construção. A composição e a microestrutura foram caracterizadas por fluorescência de raios X (XRF), microscopia eletrónica de varrimento (SEM) e analisador de tamanho de partículas. Foram realizados estudos para ambos os materiais no que diz respeito à resistência à compressão, velocidade de pulso ultrassónico, porosidade efectiva e coeficiente de absorção. Os resultados indicaram que a argamassa de geopolímero com argila e terra vermelha pode ser utilizada como material de construção alternativo na indústria da construção.

Palavras-chave: Argamassa geopolimérica, Argila, Solo vermelho, Caracterização, Desempenho, Sustentabilidade & Aplicação.

APÊNDICE: RESUMO DE PUBLICAÇÃO-II

Uma investigação experimental de uma argamassa geopolimérica à base de solo vermelho sem cimento Portland

M.N.Uddin[1] , V.Saraswathy[2] & P. Elumalai [3]

[1] Estudante M.Tech, Centro de Tecnologia de Energia Verde, Universidade de Pondicherry, Puducherry-605014, Índia, E-mail: nymebd@gmail.com

[2]Cientista Principal Sénior, Divisão de Proteção contra a Corrosão e Materiais, CSIR-Central Electrochemical Research Institute, Karaikudi, Tamil Nadu-630 006, Índia

E-mail: corrsaras@gmail.com

3Professor associado, Centro de Tecnologia de Energia Verde, Universidade de Pondicherry,

Puducherry-605014, Índia, E-mail: elumalai.get@pondiuni.edu.in

Resumo:

A vasta utilização de cimento Portland comum (OPC) para fins de construção causou poluição no ambiente global, uma vez que a produção de OPC libertou uma quantidade significativa de CO_2 para o ambiente. Por isso, hoje em dia é essencial reduzir o dióxido de carbono global, o que encoraja os investigadores a procurar um material alternativo amigo do ambiente para uma construção sustentável. Um destes materiais alternativos para este tipo de construção são os materiais de construção à base de geopolímeros, tais como argamassa, betão e tijolos, que têm 100% menos de cimento e estão a ganhar popularidade para o desenvolvimento sustentável. Esta argamassa ou betão à base de geopolímeros pode ser produzida a partir de aditivos minerais, tais como cinzas volantes, argila, lama vermelha, escória granulada moída de alto-forno, meta-caulino e sílica de fumo, com reagentes alcalinos de fácil utilização. Nesta investigação, descreve-se a argamassa à base de terra vermelha, uma vez que se trata de um material mais ecológico e de baixo custo disponível localmente, em comparação com a argamassa OPC. Este trabalho mostra a possível aplicação de argamassa de geopolímero à base de terra vermelha na indústria da construção e descobre a sua resistência à compressão, durabilidade química, sorptividade, coeficiente de absorção de água, estudo de temperatura elevada, velocidade de pulso ultrassónico, absorção de água e porosidade com diferentes molaridades e percentagens de ligante. Além disso, a composição e a microestrutura do solo vermelho foram caracterizadas por XRD, TGA, SEM e EDAX.

Palavras-chave: OPC, Argamassa Geopolimérica, Solo Vermelho, Microestrutura, Molaridade, Desempenho, Aplicação

Printed by Books on Demand GmbH, Norderstedt / Germany